살지 않는다
숲에
호랑이는

숲에 살지 않는다

호랑이는

멸종, 공존
그리고
자연의 질서에
관한 이야기

임정은
지음

프롤로그

발자국이
남지 않은 길을
걷기로 하다

2005년, 멸종의 끝에 선 표범을 지키고 싶다는 마음 하나로 스물세 살 나이에 영국행 비행기에 올랐습니다. 불확실한 미래에 대한 불안과 새로운 도전에 대한 설렘을 안고 시작된 여정이 어느덧 20년이 지났습니다. 생소하기만 했던 '보전생물학'이라는 길을 선택한 것이 그저 젊은 날의 치기였다고 말하기에는 지나온 시간과 경험이 결코 가볍지 않았습니다. 저는 지금까지도 비행기에 올랐던 그날의 마음으로 이 길을 걷고 있습니다.

처음부터 무엇 하나 쉽지 않았습니다. 손에 쥘 수 있는 정보는 턱없이 부족했고, 낯선 언어와 문화·지식을 배워야 했습니다. 멸종위기 동물이라는 말은 사람들의 마음을 움직이는 것 같았지만, 그들을 지키기 위해 실제로 무엇을 해야 하는지 궁금해하는 이는 많지 않았습니다. 하지만 울퉁불퉁한 길을 걸으며 쌓아온 경험들이야말로 저를 단단하게 만들어주었고, 여전히 그렇게 얻은 힘을 믿으며 나아가고 있습니다.

가슴 뛰는 일을 하며 살아가는 큰 복을 누리게 된 것을 늘 감사하게 생각합니다. 하지만 그 복은 저절로 찾아온 것이 아니라 숱한 어려움 속에서도 제가 진심으로 원하는 일을 포기하지 않았기 때문에 가능한 일이었습니다.

아주 가끔, 호랑이를 연구하고 싶다는 후배들의 이메일을 받습니다. 호랑이 보전에 관심이 있는데, 어떤 공부를 해야 하고 무엇을 준비해야 하는지 묻는 글을 읽을 때마다 20년 전 제 모습이 떠오릅니다. 어디에서부터 시작해야 할지 몰라 닥치는 대로 방법을 찾았습니다. 논문 하나에서 실마리를 발견하면 그것을 붙잡고 겨우 다음 단계로 나아가야 했습니다. 그런 날들이 쌓여 결국 하나의 길이 되었습니다.

그래서 저는 널리 알려지지 않은 길을 가고자 하는 이들에게, 좌충우돌하며 용맹정진해온 저의 이야기를 전하고 싶었습니다. 정보를 나누는 것도 중요하지만, 무엇보다 그 길에 들어서는 데 필요한 용기에 관해 말하고 싶었습니다. 진심으로 하고 싶은 일이 있다면, 포기하지 않고 도전하면 언젠가는 이룰 수 있다는 것을 보여드리고 싶었습니다.

이 책은 제가 깊이 사랑하는 표범과 호랑이를 비롯한 멸종위기종을 지키는 일이 어떤 의미를 지니는지, 그 진정성을 함께 나누고자 하는 마음으로 시작했습니다. 그 과정에서 아직 많은 분에게 생소할 보전생물학이라는 학문까지 자연스럽게 다가가면 좋겠다는 바람 또한 품고 있습니다.

보전생물학은 단순히 동물을 연구하는 학문이 아닙니다. 인간이 살아가는 이 땅에서 동식물과 그 서식지를 함께 지키겠다는 분명한 목표를 가진 실천적 학문입니다. 이는 생태학은 물론이고 사회학·인류학·통계학·경제학 등 다양한 학문과 연계되어 있습니다. 자연과학과 인문·사회과학, 응용과학이 유기적으로 융합되어야 문제를 해결할 수 있습니다. 저는 이 학문을 종종 '멀티툴'에 비유하곤 합니다. 특정한 공구 하나로는 해결할 수 없는 복합적인 문제들 앞에서, 여러 도구를 꺼내어 적용해 나가는 방식이기 때문입니다.

그래서 보전생물학자라면 때때로 정체성에 혼란을 느낄 수도 있습니다. 저 역시 인간과 육식동물의 갈등을 연구하는 과정에서, 특정 지역이 호랑이의 공격에 얼마나 취약한지를 과학적으로 분석하는 일부터 호랑이와 함께 살아가는 사람들의 인식이 어떤 사회·문화적 요인과 관련되어 있는지를 탐색하는 인류학적 접근까지 다양한 방법을 시도했습니다. 그래서 어떤 이들은 저를 생물학자로, 또 어떤 이들은 인류학자로 여깁니다. 그러나 이 모든 일이 보전생물학이라는 큰 그릇 안에 담길 수 있습니다. '사람과 호랑이의 공존을 위해 필요한 일이라면 무엇이든 한다'는 태도야말로 보전생물학의 정신과 맞닿아 있다고 생각합니다. 물론 혼자서 모든 것을 다 할 수는 없습니다. 그럴 필요도 없습니다. 중요한 것은 그만큼 접근 방식과 선택지가 다양하다는 사실입니다. 하나의 분야에 국한되지 않고 유연하게 문제를 바라보는 시각이 무엇보다 필요한 일입니다.

멸종위기종을 보전하는 일은 언뜻 보면 근사하게 느껴질 수도 있지만, 현실은 그리 낭만적이지 않습니다. 종을 모니터링하기 위해 산 넘고 물 건너는 것은 기본이요, 낯선 지역에서 생활하며 예기치 못한 어려움에 숱하게 놓일 수 있습니다. 그래서 튼튼한 체력과 정신력이 필요합니다. 무엇보다도, 실패에 익숙해져야 합니다. 하지만 그 실패는 결코 가볍지 않습니다. 우리의 실패는 종종 한 생명체가 지구상에서 영원히 사라지는 것을 의미하기 때문입니다. 그래서 보전생물학자들은 때때로 "우리는 지는 싸움을 하고 있다"라는 말을 하기도 합니다.

　그럼에도 이 길을 계속 가는 이유는, 우리가 하는 일이 인류와 지구의 미래를 위한 일이기 때문입니다. 표범이나 호랑이의 멸종은 단순히 그 종의 생존에 국한된 문제가 아닙니다. 이는 생물다양성의 위기이자 기후변화와도 밀접한 관련이 있으며, 인류의 생존과 직결된 문제입니다. 지구 환경을 둘러싼 문제에는 수많은 요소가 얽혀 있으며, 어떤 것도 단독으로 존재하지 않습니다. 지역마다, 사회마다, 개인마다 처한 상황 또한 제각각이지요. 그래서 보전에도 정해진 매뉴얼이나 정답이 존재하지 않습니다. 단지 우리가 함께 지향해야 하는 목표, '자연과 인간이 함께 살아가는 삶'이라는 방향이 있을 뿐입니다.

　복잡한 문제를 풀기 위해서는 단기적인 성과에 집중하기보다 긴 호흡의 노력이 필요합니다. 단편적인 접근은 한계를 드러내기 마련이고, 오랜 시간 축적된 신뢰와 협업 그리고 포기하지 않는 태도가 문제 해결의 열쇠가 됩니다. 저는 이 책을 통해 결국 보전이란 '함께 오래 걷는 일'이라는 사실을 전하고 싶었습니다.

　책을 쓰는 동안 지난 시간을 되돌아보게 되었습니다. 그리고 제가 이 자리에 결코 혼자의 힘으로 온 것이 아니었음을 다시금 실감했습니다. 진로를 바꾸는 결정을 흔들림 없이 응원해 주신 부모님, 동물에 관한 깊이 있는 대화를 나누며 늘 새로운 영감을 주는 남편, 저의 새로운 시작을 의미 있게 만들어준 사나즈와 켈리, 보전생물학의 길 위에서 제 이정표가 되어 주신 존경하는 데일과 알린 교수님, 그리고 저의 연구를 따뜻하게 품어주신 세계 곳곳의 현지 주민들께도 깊이 감사드립니다. 이 책이 세상에 나올 수 있도록 물심양면으로 도와주신 다산북스 관계자분들께 진심으로 감사 인사를 전합니다.

    여러 마음을 한 권의 책에 담고자 노력했습니다. 이 마음이 잘 전달되었으면 좋겠습니다. 그리고 이 책이 누군가 자신의 길을 찾아 나설 수 있는 작은 실마리가 되기를, 포기하고 싶을 때 다시 한번 마음을 다잡을 수 있는 자그마한 응원이 되기를 간절히 바랍니다.

2025년 8월
영양에서 임정은

차례

프롤로그 ··· 4
발자국이 남지 않은 길을
걷기로 하다

1장 도시의 보전생물학자
사라진 존재의 흔적을 쫓다

그곳에 동물이 있었다 ··· 16
범과의 동행을 결심하다 ··· 24
제2의 제인 구달 아닌 보전생물학자 임정은 ··· 31
282라는 숫자가 의미하는 것 ··· 38
멸종하지 않을 마음 ··· 46

2장　호랑이가 남긴 메아리
우리는 어떻게 그들과 연결되는가

사라진 한국 호랑이 … 56
호랑이를 쫓는 사람들 … 66
또 다른 잊힌 범 … 74
고라니와 삵이 사라지면 안 되는 '인간적'인 이유 … 82
동물에게는 국경이 없다 … 92

3장　숲속의 보전생물학자
서로 다른 마음을 하나로 모으다

| Project 1 | **인도네시아** … 100
쫓겨난 코뿔소와 불법이 된 사람들 … 104
| Project 2 | **벨리즈** … 123
그 바다의 오랜 주인 … 124
크라이슬러 빌딩 4층의 무급 노동자 … 137
| Project 3 | **중국** … 147
우리 집 소 잡는 호랑이가 미운 사람들 … 150

훈춘에 숨어든 미국 스파이? … 169

스물한 번 만에 받아들인 프러포즈 … 180

| Project 4 | **라오스** … 189

라오스에서 호랑이의 흔적을 쫓다 … 190

현실과 보전이라는 이상 사이 … 203

한 번은 멈춰 설 용기 … 217

| Project 5 | **한국 · 러시아** … 225

처음 만난 DMZ … 226

마침내 표범과 재회하다 … 238

초식동물과의 첫사랑 … 252

'빨강이' 삶에게 보내는 안부 인사 … 268

4장 함께 오래 걷는 길
흔들리며 나아갈 용기에 관하여

나의 작은 디딤돌 … 280

어떻게 함께 살 수 있을까 … 289

지구를 위해 누구나 할 수 있는 일 … 297

보전생물학이라는 비탈길 … 303

무모함을 사랑하는 삶 … 311

1장

흔적을 쫓다 사라진 존재의
보전생물학자 도시의

그곳에
동물이
있었다

최근 몇 년간 나는 비슷한 방식으로 아침을 시작한다. 굽이진 냇가를 따라 난 시골길을 30여 분쯤 운전해 국립생태원 멸종위기종복원센터로 출근한다. 이따금 꽃비를 맞으며 황홀감에 젖기도 하고, 산의 짙푸른 녹음이나 울긋불긋 물든 숲의 색채에 감탄하기도 한다. 그렇다고 내가 유달리 감성이 풍부하다거나 주위를 세심하게 살피는 성격은 아니다. 도서 지역을 제외하면 인구가 가장 적은 지역에 살다 보니, 아름다운 풍경을 찬미함으로써 도시 생활의 편리함을 포기한 스스로를 위로하고 싶은 건지도 모른다. 어쨌든 자연이 주는 감동을 느끼는 이 과정은 일종의 '긍정 사고 훈련'으로 몸에 배었다.

물론 이런 평화가 오래 지속되지는 않는다. 업무 시간이 가까워지면 '문의'라는 이름을 달고 걸려 오는 독촉과 요청, 항의성 전화가 쉴 새 없이 이어진다. 그러다 문득, 다 식어버린 찻잔이나 물 한 방울 담지 못한 빈 텀블러를 발견할 때면 허탈한 웃음을 짓는다. '내일은 꼭 우아하게 차 한 잔으로 하루를 시작해야지.' 지키지 못할 것을 알면서도 똑같은 다짐을 반복하는 일까지가 나의 오전 일과다.

화마가 덮친 마을

2025년 3월 25일, 그날 역시 그런 평범한 날 중 하루인 줄 알았다. 동료들과 의성에서 시작된 대형 산불을 우려하는 이야기를 나누며 아침을 시작했지만, 우리가 그 영향권에 있다는 생각은 누구도 하지 못했던 것 같다. 오전이 지나갈 무렵, 산불이 안동으로 옮겨붙었고 다시 영양 쪽으로 번지고 있다는 소식이 들렸다. 나는 각 팀에 산불 발생 시 우리가 보호 중인 멸종위기 야생생물들을 대피시킬 계획을 점검해 달라고 요청했다. 하지만 그때까지도 그 계획을 실제로 행하게 될 거라고는 믿지 않았다. 어디까지나 만일의 상황을 위한 대비책, 공공기관에서 해야 할 최소한의 준비쯤으로 여겼다.

그날 점심, 고속도로가 폐쇄되어 출장을 가지 못하고 발길을 돌린 동료들을 만났다. 그들에게서 내가 사는 동네 역시 연기가 자욱하다는 이야기를 들었을 때도 크게 걱정하지 않았다. 실시간 중계에 따르면 영양은 아직 불길에서 15킬로미터 이상 떨어져 있었는데, 산불이 강풍을 타고 시간당 8.2킬로미터의 속도로 이동 중인 것까지는 알지 못했기 때문이다.

오후가 되자 사무실 바깥 공기는 누런 필터를 씌운 것처럼 갈색으로 물들었다. 탄 냄새가 진동했고, 재가 바람을 타고 흩날렸다. 주택 3400여 채를 전소시키고 75명의 사상자를 내는 등 영남 지역을 휩쓴 역대 최악의 산불이 본격적으로 시작되고 있었다.

더 이상 불길한 느낌을 외면할 수 없었고, 한 시간 먼저 퇴근을 요청했다. 아무 일도 없을 거라 믿었지만, 혹시 몰라 노트북과 연구자료, 그리고 이 책의 초고가 담긴 외장하드를 챙겨야겠다고 되뇌었다. 차오르는 연기와 빠르게 어두워지는 시야 탓에 매일 오가는 길이 스산하게만 느껴졌다. 반쯤 갔을 무렵, 핸드폰이 정신없이 울려댔다. 내가 사는 마을까지 산불이 번졌으니 즉시 대피하라는 알림이었다. 하지만 정작 문자엔 대피 장소가 적혀 있지 않았다.

마을 어귀에 이르렀을 때는 이미 암흑이었다. 해가 지기 전이었지만 사방은 밤처럼 깜깜했고, 또 붉었다. 까만 재가 흩날리고, 우박처럼 딱딱한 것들이 하늘에서 떨어졌다. 차에서 내린 순간, 봄이 오긴 하는 거냐며 내뱉었던 어젯밤 푸념이 무색하게 초여름처럼 공기가 후끈했다. 바람은 몸이 휘청일 만큼 거셌다.

강풍을 뚫고 허겁지겁 집 안으로 들어갔다. 그 와중에 재난 상황에서는 엘리베이터를 이용하면 안 된다는 경고가 떠올라 계단을 두 칸씩 뛰어올랐다. 갈아입을 옷 몇 벌, 노트북과 외장하드, 휴대용 배터리 그리고 상비약을 부랴부랴 챙기는 와중에 정전이 됐다. 떨리는 손으로 헤드랜턴을 찾아 불을 켜고, 집안의 전기코드를 하나씩 뽑기 시작했다. 동요하는 마음을 다잡으려 "괜찮아, 침착해"를 소리 내어 되뇌었다. 그 사이, 집에서 500미터쯤 떨어진 산에서 어른거리던 불길은 순식간에 산 전체를 집어삼켰다. 믿기 어려울 정도로 빠른 속도였다. 급한 마음과 달리 떨리는 손은 더디기만 했다.

내가 다급하게 짐을 챙기고 있을 때, 산불은 영양 방향으로 무지막지하게 뻗어갔다. 그리고 오후 6시 4분, 센터 내 멸종위기 야생생물의 피난이 결정되었다. 부랴부랴 집을 나서던 순간에도 핸드폰에서는 산불 알림과 생태원 내 동식물의 대피 상황이 실시간으로 업데이트되고 있었지만, 확인할 틈이 없었다. 그사이 더 거세어진 바람에 간신히 문을 열고 차에 탔을 때, 한쪽 도로는 이미 대피하려는 차량으로 꽉 막혀있었다. 다행히 센터로 향하는 길은 비교적 한산해 빠르게 빠져나갔다. 어느 정도 시야가 확보된 뒤 알림을 확인해 보니, 관리하는 동물의 수가 많은 팀은 다른 팀에 지원을 요청하고 있었다(18시 33분). 아무것도 도울 수 없다는 사실이 그저 미안하고, 또 미안했다.

'산불 알림을 듣자마자 바로 차를 돌렸어야 했나?'

꼭 나만 살겠다고 도망친 것 같았다. 내가 정말 동물을 사랑하는 사람이 맞는지 자괴감까지 들었다. 무거운 마음으로 센터 근처에 다다랐을 때 우리가 사랑으로 돌보던 새와 물고기, 곤충의 대피가 완료되었다(19시 6분). 그리고 마지막으로, 사람들과 컴퓨터가 센터를 빠져나왔다.

그리고 우리의 일이 시작되었다

며칠 뒤 소방대원들과 공무원들의 진압 노력에 하늘이 조금의 비를 보탰고, 불길은 점차 약해졌다. 긴박했던 탈출 작전이 무색하게 산불은 센터 3킬로미터 앞에서 멈췄다. 이후 사람들과 동식물이 차례차례 복귀했다.

산불이 지나갔으니 본격적으로 일이 시작될 참이었다. 피해 면적만 3만 헥타르가 넘었다. 그중 과거 멸종위기 야생생물이 한 번이라도 출현했던 지역을 추려보니, 전체 282종 중 52종이 산불의 영향권하에 있었다.

이번 산불에서는 이례적으로 동물 피해가 언론의 주목을 크게 받았다. 급히 대피하는 과정에서 보호자들이 목줄을 풀지 못한 채 떠나야 했고, 그 결과 일부 동물이 불에 타거나 굶어 죽는 안타까운 일이 벌어졌다. 하지만 산불이 남긴 상처는 단지 눈에 보이는 피해에만 그치지 않는다. 토양, 수질, 미생물, 곤충, 식물에 이르기까지 생태계 전반이 산불의 영향을 받기 때문이다. 어떤 종이 얼마나 큰 피해를 입었고, 서식지는 얼마나 소실되었는지 등을 조사하는 일이 우리 과학자들의 몫이다.

피해가 확인되면 회복 전략을 취해야 한다. 하늘다람쥐를 위해 불에 탄 보금자리 대신 인공 둥지를 설치하거나, 먹이원이 소실된 지역에 먹이 급이대를 마련하는 식이다. 만약 서식지는 남아 있는데 개체수가 지나치게 줄어든 경우에는, 보호하고 있던 개체를 야생에 공급하는 '개체군 강화' 활동도 벌인다.

문제는 역시나 예산이었다. 올해 우리 실에 배정된 예산안을 몇 번이나 들여다보았지만 답이 나오지 않았다. 결국 허리띠를 졸라맬 수밖에 없었다. 봄과 여름에 한 번씩 산불 조사를 할 수 있도록 각 팀에 배정된 예산의 일부를 사용해 달라고 협조를 요청했다. 계획된 프로젝트에 차질이 생길 수도 있었으나, 모두가 산불 조사의 중요성에 공감하며 흔쾌히 응해주었다.

추가 예산을 확보하기 위한 작업도 동시에 진행되었다. 두 주 넘게 고치고 또 고치며, 20개가 넘는 계획안을 완성해냈다. 그러는 동안 '이렇게까지 해야 하나' 싶은 순간이 몇 번 찾아왔다. 예산이 확보될 가능성이 너무 희박했기 때문이다. 하지만 언제는 될 만한 사업에만 도전했던가. 대피를 돕지 못했으니 후속 작업에 더 최선을 다해야 했다.

결국 산불 조사 비용은 정부의 1차 추경안에 담기지 못했다. 하지만 여러 사람의 배려와 기업과 단체의 후원 덕분에 긴급한 지역만이라도 살필 방안이 마련되었다. 우여곡절 끝에 '산불 지역 멸종위기종 조사단'이 출범한 것이다. 그리고 희망과 안타까움을 반복하는 산불 조사는 현재 진행형이다.

매캐한 탄내는 서서히 희미해졌지만, 그날 펼쳐졌던 산불의 광경은 여전히 눈앞에 생생하다. 가끔은 그 모든 일이 실제로 벌어졌던 게 맞는지, 꿈처럼 아득하게 느껴지기도 한다. 온 나라를 불안에 떨게 한 그 산불 속에서 위협받은 건 사람뿐만이 아니었다. 멀리 떨어진 가족을 걱정하는 사람들의 마음처럼 우리는 멸종위기 야생생물을 지키고 싶었다. 지금 우리가 쏟은 노력은 아마도 몇 년 혹은 수십 년이 지나고 나서야 세상의 빛을 볼 수 있을 것이다.

범과의
동행을
결심하다

나는 TV를 거의 보지 않는 초등학생이었다. 간간이 챙겨 본 프로그램 중 하나가 '동물의 왕국'이었는데 힘겹게 삶을 이어가는 동물에게 감정을 이입한 성우의 내레이션을 들으면 그렇게 슬플 수가 없었다. 그때는 동물학자라는 직업의 존재조차 몰랐다. 다만 언젠가 낙오되는 동물들을 위한 구조센터를 만들고 싶다고 어렴풋하게나마 생각했다.

그 무렵 어니스트 시턴Ernest Seton의 『시턴 동물기』를 재미있게 읽었다. 늑대 무리를 이끄는 알파 늑대(책에서는 늑대왕이라고 불린) 로보가 자신을 잡으려는 사람들의 손을 요리조리

빠져나가는 장면에서는 원래 동물들은 이렇게 똑똑한가 싶어 입을 다물지 못했다. 하지만 그의 짝인 블랑카가 사람들에게 잡혀 허무하게 죽어버리고, 로보 또한 슬픔을 이기지 못해 식음을 전폐하다 고작 이틀 만에 죽는 장면에서는 나도 함께 울었다. 사람과 동물의 감정이 그리 다르지 않다는 생각을 하게 된 그때부터 야생동물을 향한 나의 관심이 시작되었는지도 모른다. 에디슨을 동경하면서 막연하게나마 과학자를 꿈꾸고 과학고등학교를 졸업한 후 카이스트에 입학했지만, 내 마음 한곳에는 야생동물이 자리 잡고 있었다.

카이스트에서 선택한 전공은 생명과학이었다. 전기전자공학과 기계공학 중 하나를 선택하고 싶은 마음도 있어 한동안 고민했지만, 생명과학을 공부해 본 후에 옮겨도 늦지 않다는 부모님의 조언을 따르기로 했다. 실제로 유전학과 분자생물학 모두에 흥미를 느꼈고, 공부할수록 나만의 구체적인 목표도 생겼다. 친할아버지와 외할아버지가 모두 암으로 돌아가셨기 때문에 암을 정복하는 과학자가 되고 싶었다.

타고난 근성과 경쟁심 때문인지 나는 대학교 생활 내내 잰걸음을 했다. 대학원에 진학하기도 전에 실험실 생활을 시작했던 것도 좀 더 빨리 꿈에 가까이 가고 싶다는 조급함 때문이었던 것 같다. 그런 일상에 갑자기 브레이크가 걸렸다. 건강이 급격히 나빠졌기 때문이다. 고등학교 시절 심한 스트레스로 몸이 약해졌고 급기야 대학교 1학년 때 갑상선 기능 저하증을 진단받았다. 이후 3학년 1학기 무렵에는 몇 걸음 걷기조차 버거울 정도로 건강이 악화되어 결국 휴학을 할 수밖에 없었다.

바쁘다는 이유로 미루어두었던 책 읽기를 다시 시작한 것도 그 무렵이었다. 소설에서 전기에 이르기까지 손에 잡히는 대로 읽던 책들 가운데 제인 구달의 『희망의 이유』도 있었다. 동물과 생태학, 그리고 그 분야를 연구하는 과학자의 이야기를 거의 접해본 적 없던 나에게 동물학자이자 환경운동가인 제인 구달의 삶은 완전히 새로운 세계로 다가왔다. 동물의 일상을 매일 관찰하고 기록하며 그들과 교감하는 이런 멋진 일을 공식적으로 할 수 있다니! 그때까지 과학자란 실험실에서 무엇인가를 만들어내고, 컴퓨터 앞에서 분석하는 사람이라고만 생각했던 나는 이를 계기로 앞으로 내가 어떤 사람이 될 수 있는지에 관해 전혀 다른 상상을 할 수 있게 되었다.

어떤 눈맞춤은 삶의 항로를 바꾼다

"저 고고한 눈빛과 우아한 몸짓은 뭐지? 어쩜 저렇게 멋있지?"

스물한 살, 내 삶의 방향을 바꿔놓은 아무르표범과의 짧지만 강렬한 첫 만남에서 나도 모르게 내뱉은 말이다. 당시 휴학 중이던 나는 침울한 일상에서 잠시나마 벗어나기 위해 나들이 삼아 대전오월드에 갔고, 그곳에서 만난 표범에게 마음을 완전히 빼앗기고 말았다. 다큐멘터리 속 표범은 이 정도는 아니었는데, 실제로 본 표범의 모습은 경이로울 정도로 아름다웠다. 나뭇가지 위에 요염하게 앉아 나를 내려다보던 그 고고한 눈빛을 나는 한동안 잊지 못했다. 그날 표범과의 만남은 한동안 활기를 잃었던 나에게 새로운 기운을 불어넣어 주었다.

나는 무언가에 홀린 듯 아무르표범에 관한 정보를 찾아 모으기 시작했다. 연예인에 흠뻑 빠진 팬처럼 표범 사진을 들여다보고, 국내는 물론 해외 자료까지 찾아보았다. 그때 이미 아무르표범은 매우 심각한 멸종위기에 놓여 있었다. 한반도 전역을 삶의 터전으로 삼았던 표범이 전 세계에서 가장 심각한 멸종위기에 처한 큰고양이과 동물이 되어 북한·중국·러시아 접경지대에서 겨우 명맥만 잇고 있다는 슬픈 사연은 어릴적 보던 '동물의 왕국' 속 야생동물 이야기처럼 나를 한없이 끌어당겼다.

당시에도 몇몇 국제단체가 얼마 남지 않은 개체를 보전하려 애쓰고 있었는데, 놀랍게도 그중 우리나라 사람은 한 명도 없었다. 왜였을까? 문득, 아무르표범이 사라진 한반도의 현실에 우리 중 누군가는 책임을 져야 한다는 생각이 들었다. 그때 제인 구달의 『희망의 이유』가 떠올랐다.

'내가 아무르표범을 보전하는 생물학자가 되면 어떨까?'

일면식도 없던 사람과 사랑에 빠지는 데는 고작 몇 초면 충분하다고 한다. 표범을 향한 나의 짝사랑도 꼭 그렇게 시작되었다. 대학교 입학 후 암을 정복하는 과학자가 되겠다던 나의 꿈은 어느새 아무르표범을 보전하는 생물학자로 바뀌어 갔다. 내 삶의 방향을 결정적으로 바꾼 동물원에서의 순간은 이처럼 짧지만 강렬한 찰나였다.

전공을 바꿀 결정

모든 사랑은 시련을 겪는다. 표범에 대한 나의 일방적인 짝사랑 역시 시작부터 난관투성이였다. 가장 큰 문제는 유전학과 분자생물학을 공부하던 나에게 생태학과 동물학이 완전히 미지의 세계였다는 점이었다. '아무르표범 보전'이라는 수정된 삶의 목표를 위해서는 지금까지와 전혀 다른 계획이 필요했다.

나는 어떤 과제든 목표를 세우고 나면 스스로 길을 찾고, 일단 방향이 잡히면 경주마처럼 앞만 보며 달리는 사람이다.

'최선을 다하면 안 될 일은 없다'는 신념으로 살아왔기에, 이번에도 스스로를 믿고 싶었다. 하지만 표범 연구는 차원이 다른 문제였다. 어디서부터 시작해야 할지, 무엇을 해야 할지 전혀 감이 잡히지 않았다. 하지만 막막하다고 해서 포기할 수는 없었다.

근성 하나를 밑천으로 겁 없이 나아갔다. 당시에는 공부할 자료도 마땅치 않았다. 국문 자료가 거의 없었기 때문에 세계자연기금WWF 등 해외 기관에서 발표한 영문 보고서를 찾아 공부했다. 그 외에도 관련 논문들을 뒤지던 중 《네이처》에서 엘리노어 제인 밀러-걸랜드E. J. Millner-Gulland 교수가 쓴 야생동물 보전에 관한 논문을 발견했다. 당시 영국 임페리얼칼리지Imperial College 소속의 밀러-걸랜드 교수는 야생동물을 보전하기 위해서는 생태학뿐 아니라 인문학, 사회학, 경제학 등 다양한 학문이 퍼즐처럼 서로 연결되고 보완해야 한다고 주장했는데, 신선한 충격을 주는 관점이었다. 그때까지 나는 과학이란 매우 세부적인 분야를 깊이 파고들어 연구하는 일이라고만 여겨왔기 때문이다. 나는 간단한 자기소개와 함께 내가 하고 싶은 공부와 고민을 담아 어떻게 하면 좋을지 조언을 구하는 메일을 교수님께 보냈고, 너무나 감사하게도 교수님은 직접 답장을 보내주셨다.

"임페리얼칼리지에서 환경공학 석사과정을 공부해 보길

권합니다. 그간 배워왔던 생물학이 유전학과 분자생물학에 치우쳐 있기에 생태나 환경 분야의 기초를 닦는 것이 필요해 보입니다."

임페리얼칼리지의 생태학은 환경 정책, 생태, 법, 경제 모두를 아우르는 축약된 석사 과정으로 해당 분야를 처음 공부하는 학생에게는 최고의 과정이었다. 더군다나 환경 전반을 아우르는 리더를 길러낸다는 목표를 가진 학과였기에 나로서는 절대 놓칠 수 없는 기회였다. 밀러-걸랜드 교수님의 메일을 받은 후, 내 앞에 드리운 두꺼운 안개가 조금이나마 걷히는 듯한 기분이 들었다. 이제는 열심히만 하면 된다는 자신감이 생겼다. 그렇게 순식간에 영국 유학행이 결정되었다.

제2의
제인 구달 아닌
보전생물학자
임정은

'보전생물학? 이런 학문이 있었구나.'

    석사과정의 첫 에세이 과제를 정하던 중 나는 보전생물학이라는 학문에 눈을 떴다. 응용 생물학의 한 분야인 보전생물학은 파괴되는 생태계를 보호하고 복원한다는 뚜렷한 목적이 있는 학문이다. 생태학이 생명체와 환경의 상호작용을 이해하는 데 초점이 있다면, 보전생물학은 그 이해를 바탕으로 실질적인 개입과 해결책을 모색하는 데 중점을 둔다. 즉, 관찰과 분석을 넘어 구체적인 행동과 지침을 설계하는 실천적인 학문이다. 그러다 보니 인문학과 사회과학 등 다양한 학문과 융합된다.

　임페리얼칼리지에서는 학생 스스로 에세이 과제를 정하게 했다. 관심 있는 주제를 선택해 더 깊이 탐구하고 본인의 생각을 정리할 수 있도록 한 것이다. 생물다양성 보전과 관련된 과제를 하고 싶었던 나는 우연히 동물과 인간의 갈등이 크게 불거진 아프리카 지역의 보전 사례에 주목하게 됐다.

보전생물학이라는 세계에 눈뜨다

　영국에는 다른 지역에 비해 아프리카 지역을 다룬 연구 자료가 많았기 때문에 호랑이나 표범이 아닌 코끼리 보전과 관련된 사례를 좀 더 수월하게 접할 수 있었다. 현지에서는 오랫동안 코끼리 같은 특정 종을 보호하기 위해 보호구역을 지정하고 밀렵 감시를 강화하며 다양한 보전 활동을 진행했다. 하지만 결과는 대부분 실패였다.

　그 근본 원인은 지역주민과의 마찰에 있었다. 야생동물이 서식하는 핵심지역이 보호구역으로 지정되자, 그 안에 살던 주민들은 강제로 이주당하는 등 예전과 같은 삶을 누릴 수 없게 됐다. 분노한 이들은 보호구역까지는 어쩌지 못했지만, 그 경계에 불을 놓거나 오히려 보란 듯이 밀렵을 자행했고,

결국 코끼리 서식지의 질은 더 나빠지고 말았다. 이 사례는 야생동물 보전이 성공하려면 단순한 보호 조치만으로는 부족하며, 주민과의 공존 방안을 모색해야 한다는 중요한 교훈을 준다.

한편, 이와는 사뭇 대조적인 사례도 있었다. 1989년 아프리카의 짐바브웨에서 이루어진 캠프파이어CAMPFIRE라는 지역사회 기반 야생동물 보전 프로그램이다. 이 프로그램의 핵심은 지역주민들이 자신이 사는 지역의 야생동물을 직접 관리하고, 그로부터 발생하는 수익을 지역사회 발전에 활용할 수 있도록 하는 것이었다.

스포츠처럼 사냥을 즐기는 트로피 사냥꾼Trophy hunter은 사냥을 위해 큰돈을 지불해야 한다. 사냥을 통해 얻은 수익은 주민들에게 돌아가 학교나 병원 등 지역사회의 발전을 위해 사용되었고, 일부는 동물을 보전하는 데에도 쓰였다. 일시적인 희생을 통해 더 지속 가능한 보전을 이루려는 시도였는데, 지역주민의 경제적 이익과 야생동물 보호를 동시에 달성한 대표적인 성공적인 사례로 평가된다.

물론 언제나 이 모델을 적용할 수 있는 것이 아니며, 심지어 경제적인 혜택이 주어져도 기대한 결과를 얻지 못하는 경우도 있다. 동물과 인간이 겪을 수 있는 갈등의 경우가 다양한 만큼 그 갈등을 해결하는 방법도 천차만별이다. 그렇기에 여러 지역에 똑같이 통용되는 보전 공식은 존재하지 않는다. 나라마다 지역마다 상황에 맞는 방법을 찾아내야 한다. 이런 점에서 보전생물학은 생물학적 지식을 넘어 인류학적 관점과도 밀접하게 연결된 학문이라 할 수 있다.

과제를 위해 여러 케이스를 검토하는 동안 나는 보전생물학이 내가 가야 할 길임을 조금씩 깨닫고 있었다. 기존의 생태학에서는 모든 논의가 동물을 중심으로 전개되었다. 동물이 무엇을 먹고, 어디에 사는지 등에 관한 정보를 기반으로 해법을 찾아내려고 했다.

하지만 아무리 그럴듯한 해법도, 힘들게 만든 보호구역도 사람이 받아들이지 못하면 문제를 해결할 수 없었다. 멸종위기종과 그들의 서식지 및 생태계를 보전하려면 결국 인간을 움직여야 했다. 보전생물학은 이와 같은 측면에 주목해 정책·문화·윤리·사회 구조와 같은 인간 사회의 문제를 보다 깊이 다루면서 생태 문제 해결에 앞장서고자 했다.

하지만 당시까지만 해도 보전 연구보다는 생태 연구가 주류를 이루었고, 동물과 인간 사이의 갈등 문제와 공존 방법은 가끔씩만 언급될 뿐이었다. 그 틈새를 내가 메워야겠다고 생각했다. 보전생물학자로서의 나의 다음 행보는 이렇게 결정되었다.

앞에 간 사람들과 뒤에 올 사람들

후에 미국 위스콘신대학교에서 박사과정을 밟을 때의 일이다. 나에게 새로운 과학의 영역을 알려준 제인 구달 박사를 만날 행운이 찾아왔다. 지구의 날을 기념해 기조연설을 하기 위해 학교를 찾은 그를 조금이라도 가까이에서 보고 싶었기에 행사장 연단 앞쪽에 자리를 잡았다. 드디어 사회자가 제인 구달 박사를 소개할 차례가 되었다.

"여러분, 제인 구달 박사님이십니다."

환영의 함성과 박수 소리가 행사장을 가득 메웠다. 곱게 묶은 은빛 머리와 특유의 온화한 미소. 제인 구달 박사가 맞았다.

"우-우-우-우-우."

마이크 앞에 선 제인 구달 박사가 갑자기 기괴한 소리를 내는 게 아닌가. 인사말을 기대한 청중들은 놀란 나머지 얼어붙었고 행사장은 쥐 죽은 듯이 조용해졌다.

"침팬지가 기분이 좋을 때 내는 소리입니다."

좌중을 압도한 구달 박사는 본인의 최근 경험을 공유하며, 생물다양성이 얼마나 그리고 왜 중요한지 강조했다. 1년에 300일 넘게 전 세계를 돌아다니면서 생물다양성의 중요성을 전하고 있다는 그의 열정은 여든이 가까운 나이를 무색하게 만들었다. 스물세 살의 나이에 연필과 노트 그리고 열정 하나만 가지고 아프리카로 떠난 그를 보면서 비슷한 나이대에 아무르표범에게 끌려 느닷없이 전공을 바꾸고 영국으로 유학을 떠난 나를 떠올렸다. 한때는 상상 속에만 존재했던, 한없이 멀게만 느꼈던 그를 보전생물학자 임정은으로서 만나게 되었다는 생각에 마음이 벅차올랐다. 나도 그처럼 백발의 할머니가 되어 표범과 호랑이를 보전하는 학자로 저 자리에 서고 싶다는 생각도 해보았다. 하지만 이후 찾아온 몇 차례 기회에서도, 청중 앞에서 호랑이와 표범 소리를 흉내 낼 용기는 나지 않았다.

제인 구달이 나에게 생태 연구라는 문을 처음으로 열어준 인물이었다면, 보전생물학이라는 낯선 세계에서 길을 잃지 않도록 나침반이 되어준 이들도 있었다. 바로 데일 미켈Dale Miquelle과 알린 존슨Arlyne Johnson 박사다.

중국 훈춘에서 호랑이 보전 활동을 하며 만난 데일 박사는, 언제 어떤 일이 벌어질지 모르는 현장에서 몸으로 부딪치며 일하는 태도는 물론, 보전생물학자로서 가질 수 있는 최선의 마음가짐을 가르쳐주었다. 보전 활동은 당장의 큰 이익이나 명성을 얻기는커녕 살아 있는 동안 영영 성공하지 못할 수도 있는 일이다. 그런 일을 계속하기 위해 우리는 오직 지키고 싶은 존재만을 바라보며 걸어가야 한다는 사실을 그는 행동으로 보여주었다. 러시아 극동지역에서 수십 년간 호랑이와 표범을 지키기 위해 연구와 정책 지원을 병행하며 지역과 국가를 넘나드는 협력을 이끌어낸 그를 보전 활동을 막 시작한 나이에 만난 것은 인생의 행운이었다.

한편 알린 박사에게서는 '제대로 보전하는 법'을 배웠다. 그는 아시아와 라틴아메리카의 다양한 지역에서 주민과 협력하며 인간과 야생동물이 공존할 방법을 찾는 데 일생을 바친 인물이다. 그가 가르쳐준 보전 활동이란 결코 주먹구구식으로는 해낼 수 없으며, 체계를 갖추고 현장의 생생한 목소리를 듣고, 배운 것을 적극적으로 적용하며 끝없이 고민하고 개선해 나가는 과정이다.

한 번도 가본 적 없는 지역에서, 상상조차 못 한 어려움을 마주하면서도 내가 늘 겁 없이 걸음을 내디딜 수 있었던 건, 나보다 먼저 길을 닦아준 이들이 있었기 때문이다. 그들은 언제나 정확하고 긍정적인 피드백으로 뒤에 오는 나에게 닻을 내려주었다. 나이 들어서도 배움과 질문을 멈추지 않는 것이 보전생물학자라면 마땅히 해야 하는 일임을 가르쳐주었다. 그들에게서 배운 것을 조금이나마 되풀이하여 보여주는 일이야말로, 뒤에 올 후배 보전생물학자들에게 내가 해줄 수 있는 가장 큰 일이 아닐까 싶다.

282라는 숫자가
의미하는 것

　　　　　　　　멸종위기종이란 말 그대로 지구에서 사라질 위기에 처해, 특별한 보호가 필요한 생물을 의미한다. 익숙하게 들리는 '멸종위기종'이라는 표현과 달리, '멸종위기 야생생물'이라는 용어는 낯설게 느껴질 수 있다. 「야생생물 보호 및 관리에 관한 법률」에 따른 공식적인 표현은 멸종위기 야생생물이며, 환경부가 국내에서 보호 대상으로 지정한 동식물이 주로 이 이름으로 불린다. 반면 국제협약이나 세계자연보전연맹(International Union for Conservation of Nature, IUCN) 등에서 보호가 필요하다고 평가된 생물은 '멸종위기종'이라고 통칭하는 경우가 많다.

다만 '멸종위기 야생생물'은 말하기에도 쓰기에도 너무 길어서, 일상에서는 대부분 멸종위기종이라는 용어를 사용한다. 여덟 자와 다섯 자의 차이가 미미하게 느껴질 수도 있지만, 각 단어가 포함된 문장을 넉넉잡아 세 번씩만 큰 소리로 읽어보면 그 차이를 바로 느낄 수 있다.

우리나라는 멸종위기 야생생물을 I급과 II급으로 나누어 보호한다. 간단히 말하면 I급은 당장 멸종 위험에 처한 종, II급은 가까운 미래에 멸종할 우려가 있는 종이다.

멸종위기 야생생물을 다루기 위해서는 환경부 장관의 허가가 필요하다. 즉, 이들을 우연히 마주치더라도 함부로 만지거나 데려와서는 안 된다. I급을 무단으로 포획·채취·훼손할 경우 5년 이하의 징역 또는 500만 원 이상 5000만 원 이하의 벌금이 부과되고, II급을 무단으로 포획·채취·훼손할 경우 3년 이하의 징역 또는 300만 원 이상 3000만 원 이하의 벌금에 처한다.

그러므로, 도로나 주택가 등지에서 멸종위기 야생생물을 발견하더라도 직접 구조에 나서기보다는 야생동물구조센터, 지방환경청, 지자체 등에 신고하는 것이 좋다.

누가, 어떻게 지정할까?

그렇다면 과연 누가, 어떻게 멸종위기 야생생물을 지정할까? 이 역시 환경부 훈령「멸종위기 야생생물의 지정 및 해제 제도 운용에 관한 지침」에 따라 이루어진다. 지정과 해제는 5년에 한 번씩 멸종위기종위원회에서 결정되며, IUCN의 적색목록 평가 지침Red List Categories and Criteria을 준용해 새로운 종을 추가하거나 기존 종의 등급을 조정 및 해제한다. 나 역시 2022년 지정 해제 시 포유류 소위원회의 위원으로 참여했다.

현재 우리나라에 지정된 멸종위기 야생생물은 총 282종, 이 중 68종이 I급이다. 지정이나 해제는 다음 세 가지 기준 가운데 하나 이상을 충족할 때 이뤄진다. 첫째, 개체수나 개체군이 감소했을 때. 둘째, 서식지 면적이 줄어들었을 때. 셋째, 과거 멸종에 영향을 준 요인이 잔존할 때다.

절차만 보면 그 과정이 매우 체계적이고 명확할 것 같지만, 현실은 그리 단순하지 않다. 개체수나 서식지 환경이 변했다는 점이 충분한 데이터를 통해 뒷받침되어야 하는데, 현재 조사 환경에서 이를 충족하기란 하늘의 별 따기다. 부족한 인력과 예산 내에서 최대한 효율적으로 판단할 수 있어야 하기에 지정 시기가 다가오면 멸종위기종위원회 구성원들은 늘 쉽지 않은 고민에 빠진다.

식물이나 곤충의 분포는 비교적 좁은 면적을 조사하는 것만으로도 파악이 가능할 수 있지만, 포유류는 활동 범위가 넓어 사람이 직접 확인하기 어렵다. 그래서 야생동물이 자주 지나는 길목에서 흔적을 조사하거나, 카메라 트랩(움직임이 감지되면 자동으로 작동하는 카메라)을 설치해 관찰하는 방식이 주로 활용된다. 드론을 이용하는 방법도 있지만, 아직까지는 해상도에 한계가 있다. 예를 들어, 멧돼지 한 마리가 겨우 픽셀 다섯 개로 표현되는 수준이라 정확한 종 구분이 어려운 실정이다.

또한 개체수가 어느 정도 있어야 '건강한 상태'로 볼 수 있는지, 이에 따라 어떤 모니터링 체계를 구축해야 하는지 등 지정 및 해제와 관련된 기준을 보다 구체적이고 세부적으로 마련해야 한다. 국립생태원 멸종위기종복원센터에 온 직후 나는 이와 관련한 기본적인 틀을 마련해 두었지만, 미국의 '멸종위기종법Endangered Species Act'과 같은 체계를 참고하여 보다 정교한 시스템으로 발전시킬 필요가 있다. 물론 이러한 변화는 하루아침에 이루어질 수 없기에, 향후 몇 년을 내다보며 지속적인 연구와 개선을 이루어야 한다.

현재 우리나라에서 보전이 가장 시급한 포유류는 사향노루다. 개체수가 정확히 파악되지 않으나 대략 50마리 정도로 추정되며, 1998년부터 멸종위기 야생생물 I급으로 지정되어

멸종위기 야생생물 지정 역사

특정야생동식물 지정		멸종위기 야생동식물 I,II급 지정
• 총 203종 지정		• 총 221종 지정
1989~1997	1998~2004	2005~2011

멸종위기 야생동식물 및 보호야생동식물 지정
• 총 194종 지정

보호받고 있다. 사향노루가 위기에 처한 가장 큰 이유는 불법 포획이다. 세 살 이상의 수컷 사향노루에서 생성되는 사향麝香은 약재와 향수 등의 재료로 쓰이며 국내산의 경우는 프리미엄까지 붙는다. 그렇다 보니 과거 지리산에 사향노루가 있다는 소문이 퍼졌을 때 전국의 밀렵꾼이 모여들었다는 풍문이 있을 정도로 인기가 대단하다. 밀렵이 적발되면 관련 법률에 따라 최대 5년 이하의 징역 또는 5000만 원 이하의 벌금이 부과되는데, 사향노루를 밀거래하면 벌금의 두 배 이상 수익을 올릴 수 있다. 무엇보다 밀렵의 증거를 확보하기가 어렵기 때문에 포획이 쉽게 근절되지 않고 있다. 그나마 DMZ에 사향노루가 살아남을 수 있었던 건 군사적으로 민간인이 통제되

멸종위기 야생생물 2차 개정
- 2017.12.29.
- 267종 지정

출처: 국립생태원

| 2012 | 2017 | 2022~현재 |

멸종위기 야생생물 1차 개정
- 2012.7.27.
- 246종 지정

멸종위기 야생생물 3차 개정
- 2022.12.9.
- 282종

는 지역이어서 밀렵꾼들의 접근이 어려웠기 때문이다.

보전을 넘어 공존으로

　멸종위기종의 보전과 복원만큼이나 중요한 것은 인간과의 공존이다. 이 부분은 특히 잘 알려져 있지 않지만, 공존은 복원의 다음 단계이자 또 다른 핵심 과제다. 복원이 성공해 개체수가 늘고 유전적 다양성이 안정적으로 확보된다 해도, 해결해야 할 문제가 남는다는 뜻이다.

　예를 들어 포유류는 개체수가 일정 수준을 넘어서면 자

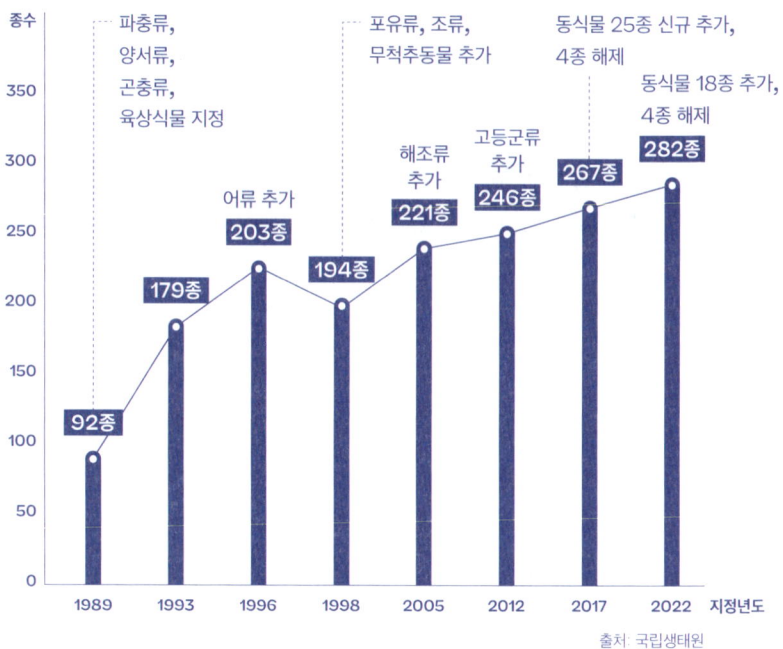

연스럽게 주변 지역으로 퍼져나가는데, 이 과정에서 사람과의 충돌이 불가피하다. 삵이 양계장에 침입해 닭을 잡아먹거나 곰이 양봉 농가의 벌통을 터는 경우가 대표적이다. 갈등의 초기에는 대부분의 사람이 관련 기관에 신고해 문제를 해결하려 하지만, 피해가 반복되고 뚜렷한 해결책이 보이지 않으면 스스로 덫이나 쥐약을 쓰는 등 극단적인 방법을 택하기도 한다.

이러한 상황을 방지하려면 피해에 대한 보상 체계를 구체적이고 명확하게 마련해야 한다. 이보다 우선되어야 하는 것은 피해가 발생하기 전에 예방책을 구축하는 일이다. 사람과 야생동물의 갈등을 분석한 많은 연구는 사후 조치보다는 예방을 강조하고 있다.

그러나 무엇보다 중요한 것은 사람들의 마음이다. 공존은 단순히 '공간을 공유하는 것' 이상을 의미한다. 가족과 함께 사는 일이 언제나 행복하고 순탄할 수만은 없는 것처럼, 야생동물과 더불어 사는 삶에도 불편과 마찰이 존재할 수밖에 없다. 그 사실을 진심으로 받아들이는 일이 야생생물과 공존하기 위한 출발점이다. 지구 위에서 인간이 각자의 삶을 존중받아야 하듯, 야생동물 역시 생태계의 고유한 존재로서 그 가치를 인정받아야 한다고 생각한다면 행동은 자연스럽게 변화할 것이다. 예를 들어 뒷산에 사는 삵이 우리 집 닭을 노리고 있다면, 그것이 그들의 자연스러운 본능임을 인정하는 것부터가 시작이다. 그 마음이 있다면 삵을 잡기 위해 덫이나 올무를 놓는 대신 닭장의 울타리를 더 튼튼하게 세울 수 있다.

이처럼 복원을 위해서는 과학기술이 필요하지만, 공존을 위해서는 사람들의 의지와 너그러움이 필요하다. 우리가 인간 중심의 관점을 잠시 내려놓고 이들 존재를 있는 그대로 받아들일 때, 야생동물과의 공존이 비로소 가능해질 것이다.

멸종하지 않을
마음

언제부터인가 생태원에서 일은 실질적인 연구보다 행정 업무가 더 큰 비중을 차지하게 되었다. 20년 가까이 이어온 필드과학자로서의 역할보다 과학행정가로서 수행하는 일이 더 많아진 것이다. 건축에 비유하자면, 과학행정가는 건축물의 뼈대를 세우고 필드 과학자는 그 안을 채우는 인테리어를 맡는다. 두 역할을 모두 소화할 수 있다면 좋겠지만 현실적으로 쉽지 않다.

과학행정은 내가 원하거나 자신 있는 분야는 아니었다. '나 이런 일을 하고 있습니다'라고 말하기에도 애매하고, 겉으로 잘 드러나지도 않는다. 하지만 꼭 필요한 일임은 틀림없다. 그래서 나는 오늘도 현장에서 뛰는 연구자들에게 힘을 보탠다는 마음으로 내 자리를 지키고 있다.

직업은 과학자, 특기는 전화 응대

현재 나는 우리 실의 주무이자 홍보담당관이자 예산관리자이자 대변인의 역할을 하고 있다. 부서의 살림을 꾸려나가며 누구보다 부서 상황을 잘 파악하고 있는 사람이기도 하다. 사업 계획의 수립부터 진행 상황 점검, 결과 보고에 이르는 전 과정을 취합·관리하며 예산이 계획대로 집행될 수 있도록 조율한다. 소관 팀이 명확하지 않은 업무를 분배하는 역할과 중장기 계획을 업데이트하는 일도 빼놓을 수 없다.

당연하게도 혼자 힘만으로 해낼 수 있는 일은 없기에 모든 과정은 소통의 연속이다. 팀과의 소통, 원내 다른 부서와의 소통, 다른 기관과의 소통, 담당 부처와의 소통, 타 부처와의 소통. 사무실 전화를 받는 와중에 핸드폰과 사내 메신저에서 동시에 연락이 울려대곤 한다. 온종일 전화만 하다가 퇴근 시간이 되어버리는 날도 생긴다.

왜 모든 마감이 그리 빨리 찾아오는지 모르겠다. 주요 공

지나 요청 사항은 주로 단체 채팅방을 통해 전달하는데, 우리 실 제일의 수다쟁이는 바로 나다! 가장 고마운 사람은 메시지를 빨리 읽어주는 분들이고, 가장 좋아하는 사람은 답장을 빨리 해주는 분들이다. 상황이 이렇다 보니 요청을 빙자한 협박 혹은 독촉도 자주 하는 편이다. 내 전화를 받기 무섭다고 토로하는 분들도 (많지는 않지만) 좀 있다.

    무엇이든 준 만큼 되돌아온다. 나는 재촉과 동시에 사과와 읍소의 달인이 되어가고 있다. 출장이나 연차로 며칠 자리를 비우고 돌아오면 기한을 넘겨버린 요청 사항은 물론, 몇 시간 내에 제출해야 할 일들이 한꺼번에 쏟아진다. 내 목소리의 톤이 가장 높아지고 친절해지는 순간이다. 첫 대사는 어김없이 "아휴~"로 시작하는 능청맞은 추임새다. 시간 약속을 어기는 것을 끔찍하게 생각하던 때도 있었지만, 이렇게 현실에 순응해 가고 있다.

그럼에도 표범 보전은 계속된다

    번갯불에 콩을 구워 먹듯 정신없이 하루를 보내고 나면 '오늘도 열심히 살았다'는 뿌듯함보다는 그날의 일을 겨우 해냈다는 안도감과 수첩 속 '할 일 목록'의 지우지 못한 항목에 대한 걱정이 밀려온다. 어쩌다 항목이 남지 않은 날에는, '이렇게 논문 보는 일을 미루다가는 감이 떨어져 버릴지도 모른다'는 불안함과 무언가 채워지지 않은 듯한 허전함이 남는다.

눈앞에 닥친 일들을 정신없이 처리하면서도 내 한쪽 발은 여전히 표범 보전 연구에 걸치고 있는 건 그래서다. '포유류팀'에서 '복원평가연구팀'으로 팀을 옮기고, '연구원'에서 '주무'로 역할이 바뀔 때도 표범 보전을 위한 국제 협력 업무만큼은 나와 함께 움직여 왔다. 2020년 한-러 수교 30주년을 기념하며 시작된 협력 사업은 여러 우여곡절을 거친 끝에 지금까지 이어져 오고 있다.

시작은 현재 지구촌 전체에서 아무르표범이 가장 많이 서식하는 러시아의 '표범의 땅 국립공원'과의 교류였다. 그곳에서는 국립공원과 연결된 한반도 내에서 표범의 서식 가능성에 관심을 가졌고, 우리는 만약 표범이 돌아온다면 어디가 적합한 서식지일지 궁금해했다. 양측의 궁금증이 정확히 맞아떨어진 덕분에 2019년부터는 공식적인 국가 간 협력 사업으로 확장되었다.

러시아-우크라이나 전쟁의 여파로 원활한 소통이 어려운 상황임에도 2025년부터는 새로운 공동연구가 시작되었다. 바로 야생 호랑이와 표범의 먹이원을 분석하는 프로젝트다. DNA 메타바코딩이라는 기술을 활용해 포식자의 분변 속에 남아 있는 DNA를 분석함으로써 그들의 먹이동물을 찾아내려는 시도다. 분변이 신선하지 못하면 원하는 수준의 정확한 데이터를 얻기 어렵기 때문에, 그들의 건강한 장운동과 적정한 기술이 뒷받침되어야 한다. 이 조건만 맞는다면 조만간 생태계의 먹이 동물상에 어떤 변화가 있었는지 파악할 수 있을 것으로 기대된다.

서식지 내 보전뿐만 아니라 동물원과 같은 서식지 외 환경에서도 개체 보전을 추진하고 있으며, 더 나아가 우리나라가 자체적으로 번식 가능한 표범 개체를 확보하기 위한 외교적 노력도 병행하고 있다. 유럽동물원및수족관협회European Association of Zoos and Aquaria와 국내 여러 동물원과의 협력은 이러한 노력의 일환이다.

수년간 수많은 이메일을 주고받고, 수십 차례 화상회의를 거치며 긴밀히 소통한 끝에 이제야 조금씩 진전이 보이기 시작했다. 우리가 자발적으로 네트워크를 만들고 워크숍을 주도하는 모습이 상대 측에 꽤 긍정적으로 비친 듯하다. 물론 외교는 생각보다 훨씬 더 많은 시간과 정성을 요구한다. 남들이 보기엔 '겨우'라고 말할 만한 작은 변화이지만, 그런 변화가 모여 표범을 볼 날을 앞당긴다는 걸 알기에 지루하고 고된 기다림을 반복한다.

행정 업무의 비중이 커지면서 얻게 된 가장 큰 장점은 단편적인 시각에서 벗어나 보다 통합적인 관점으로 문제를 바라보게 된 것이다. 예전에는 표범이나 호랑이가 어떻게 살아가는지를 아는 일이 가장 중요했고, 그런 생태 지식을 바탕으로 한 문제 해결에 몰두했다. 하지만 지금은 보전이 운영되는 시스템 전체를 들여다보게 되었다.

　예컨대 지구의 생물다양성을 보전하고 그 혜택을 공평하게 나누기 위한 국제협약인 생물다양성협약Convention on Biological Diversity이 있고, 이를 실현하기 위한 실천 목표인 글로벌 생물다양성 프레임워크Global Biodiversity Framework가 존재한다. 회원국들은 이를 이행하기 위해 국가생물다양성 보전전략을 수립해야 한다. 이 전략에는 국가 차원에서 생물다양성 보전을 위해 어떤 방향으로 노력할 것인지에 대한 구체적인 계획이 담긴다. 우리나라는 물론 중국과 러시아도 이 전략을 세우고 있으며, 당연히 호랑이와 표범 보전 역시 이 틀 안에서 다뤄지고 있다.

　이러한 전략이 단순한 선언에 그치지 않고 실제 현장에서 효과를 내기 위해서는 국제협약과 지역 협력, 그리고 국가별 전략이 유기적으로 연결되어야 한다. 현장의 노력이 지역이나 세계가 지향하는 방향과 어긋날 수 있기 때문이다. 나는 2018년도부터 국가대표단의 일원으로 참여하고 있는 동북아환경협력계획North-East Asian Sub-Regional Programme for Environmental

Cooperation 회의에서 이러한 문제의식을 강조해 왔다. 고위급 회의에서는 각각의 계획을 큰 틀 안에서 조화롭게 연결하자고 말하고, 연구자들이 모인 워크숍에서는 각자의 노력이 글로벌 목표에 어떻게 기여할 수 있는지를 함께 고민하자고 제안한다. 마치 '국제적 잔소리꾼'이 된 것 같은 느낌이다.

이처럼 시스템의 문제에 주목하게 되면서, 그동안은 몰랐던 장면들에 눈을 뜨고 있기도 하다. 여전히 발음을 버벅거리게 되는 얼룩새코미꾸리, 꼬치동자개, 여울마자 같은 어류에는 포유류의 늠름함이나 사랑스러움과는 다른 신비한 매력이 있다. 유려하게 물살을 타는 이들의 작은 몸짓에서는 우아함과 강인함이 동시에 느껴진다. 심지어 호랑이 관련 논문을 검색할 때마다 나오던 타이거 비틀Tiger Beetle이 닻무늬길앞잡이였다니! 호랑이와 표범에만 정신이 팔려 미처 알지 못했던 존재를 발견하는 재미를 쏠쏠히 느끼며 열심히 그들의 이름을 불러본다. 내 입에서 호랑이와 표범이 아닌 다른 종의 이름이 나오다니, 10년 전이었다면 상상도 못 할 일이다.

20년을 달려왔지만, 발견할 자연이 이토록 많이 남았다는 사실에 여전히 마음이 설렌다. 그리고 이 모든 배움을 통해 표범 보전에 더 가까이 가고 있다는 희망을 품게 된다. 지구 위 수많은 종이 지금 이 순간에도 멸종하고 있다는 사실은 너무나 슬프다. 하지만 동시에 멸종을 막기 위한 보전생물학자들의 노력이 지난 수십 년간 한 번도 멈춘 적이 없었다는 또 다른 진실이 나를 나아가게 한다. 우리의 노력은 중단되기는커녕, 점점 더 분주하고 복잡하고 소란스러워질 것이다. 그 생각으로 나는 오늘도 바쁘게 전화를 받는다.

2장

그들과 연결되는가
우리는 어떻게

메아리
호랑이가 남긴

사라진 한국 호랑이

짧지 않은 시간 동안 호랑이를 연구했음에도 야생 호랑이를 직접 마주한 적은 없다. 의아하게 들릴지 모르지만, 실은 다행인 일이다. 보전 활동 중 호랑이를 마주치는 건 매우 위험한 상황일뿐더러, 만약 사람의 눈에 띈 호랑이가 있다면 병에 걸렸거나 나이가 많아 야생에서 살기 어려운 상태일 확률이 높다. 다행히 내가 본 호랑이는 동물원에서 만난 호랑이가 전부다.

반면 우리 조상들은 일부러 호랑이의 흔적을 찾아다닌 나보다도 훨씬 쉽게 호랑이를 마주할 수 있는 환경에 살았다.

1800년대, 전국의 산골짜기뿐만 아니라 도성에까지 출몰했을 정도로 한국은 '호랑이 천국'이었기 때문이다.『조선왕조실록』에는 600건이 넘는 호랑이와 표범 관련 기록이 남아 있다

하지만 상황은 빠르게 바뀌었다. 1924년 2월 1일 자 조선총독부 기관지《매일신보》에는 강원도 횡성 깊은 산속에서 8척(약 2.7미터)짜리 호랑이가 잡혔다는 내용의 기사와 사진이 실렸다. '적설심협積雪深峽에서 대호사중大虎射中'. 이 기사는 사진이 남아 있는 호랑이에 관한 남한 내의 마지막 기록이다. 그리고 채 100년이 되지 않아 호랑이는 이 땅에서 자취를 감춰버렸다. 사라진 호랑이를 되찾고, 그들과 함께 살 방법을 찾을 수 있을까? 보전생물학자로서 나의 여정은 이 질문에 "예스"라는 답을 얻고자 시작되었던 것 같다.

한국인의 못 말리는 호랑이 사랑

호랑이는 전 세계적으로 사랑받는 동물이다. 남다른 용맹함과 강인한 기운을 뿜내는 데다가 액운을 쫓는 영물로 인식되다 보니 그 상징성이 다른 동물과는 비교 불가다. 호랑이가 살았던 대부분의 나라에는 관련된 설화가 있고, 여전히 호랑이를 보유하고 있는 나라는 그 자부심이 대단하다.

한민족에게도 호랑이는 각별한 존재다. 우리는 오래전부터 호랑이를 인간을 수호하는 용맹한 존재로 여겼을 뿐만 아니라, 권선징악을 판별하는 신통한 능력을 갖춘 영물로 인식해 왔다. 『한국민속상징사전: 호랑이 편』을 보면 호랑이 관련 속담은 71개, 지명은 389개, 설화는 956건에 달한다. 그중 '은혜 갚은 호랑이'와 '해님달님'은 세대를 막론하고 재미와 감동을 주는 이야기로 손꼽히고 있다. 호랑이는 1988년 서울올림픽과 2018년 평창동계올림픽의 마스코트로 선택되었고, 각종 설문조사에서 늘 '한국인이 가장 사랑하는 포유류' 1위를 차지했다. 그만큼 우리 삶 속에 호랑이는 상징적으로 살아 숨 쉬고 있다.

한번은 해외 학회 발표에서 한반도 지도의 모양이 호랑이가 포효하는 모습과 닮았다고 말한 적이 있다. 그 순간 회의장은 웃음바다가 되었고, 몇몇 사람들은 내 상상력이 지나치게 풍부하다고 말하는 듯한 눈빛을 보냈다. 하지만 호랑이 형태로 형상화된 지도를 보여주자 이내 모두 고개를 끄덕였다. 한국인의 호랑이 사랑이 이 정도인지 몰랐다고 이야기한 사람도 있었다. 한반도의 형태보다는 호랑이에 대한 한국인의 애정에 더 놀란 듯 보였다.

심지어는 우리 민족의 기원과 정통성을 강조하는 단군신화에도 호랑이가 등장하지 않는가? '백두산 호랑이'로 익히

한반도 지리를 호랑이의 모습으로 표현하여 그린 〈근역강산맹호기상도〉.
일제강점기 당시 일본인들이 한반도의 모습을 뒷덜미가 잡혀
꼼짝 못 하는 토끼로 묘사한 것에 반발하며 등장한 작품이다.

호랑이가 남긴
메아리

알려진 아무르호랑이는 단군신화에서 끝내 인간이 되지 못한 바로 그 호랑이로, 여전히 한반도를 대표하는 상징적인 동물이다. 더 이상 산에서는 호랑이를 찾아볼 수 없지만, 여전히 소설이나 영화에서는 단골 주인공으로 사랑받으며 우리의 갈증을 달래주고 있다.

호랑이가 지닌 생태학적 가치

호랑이의 남다른 용맹함은 그들이 생존하는 방식에서 잘 드러난다. 왕이 된 수컷 호랑이는 한 마리당 네다섯 마리의 암컷을 거느리는데, 영역 의식이 강하기 때문에 결코 자신의 터전에 새로운 수컷이 침입하는 일을 용납하지 않는다. '하늘 아래 두 개의 태양은 없다'는 말처럼 다른 수컷은 반드시 새 서식지를 찾아야 한다. 심지어 그것이 자식이라 하더라도, 일정 시기가 지나면 서식지를 떠나야 한다. 생후 1년 반에서 2년 사이에 이루어지는 이 과정에서 사람과 마주치는 일이 생기기도 한다.

왕좌를 차지한 수컷이 가장 먼저 하는 일은 그곳을 지배해 온 왕의 새끼들을 물어 죽이는 것이다. 새끼가 있으면 암컷이 교미하지 않기 때문이다. 대부분의 경우 암컷은 수컷에게

대적하지 못하고 새끼의 죽음을 받아들이지만, 그렇지 않은 경우도 있다. 온몸이 피투성이가 되어 죽을 때까지 수컷과 맹렬하게 싸우는 것이다. 잔혹한 수컷에 맞서 새끼를 지키려는 암컷의 모성애는 경이로울 정도다.

    이렇게 용맹한 호랑이는 지구 생태계에서도 그 위용에 걸맞은 중요한 역할을 맡고 있다. 이들은 1년에 70여 마리의 사슴을 사냥한다. 호랑이의 평균 생존 기간은 10~15년이므로 평생 1000여 마리의 사슴을 잡아먹는 셈이다. 그런데 만약 호랑이가 사라지면 어떻게 될까? 주로 나뭇잎과 풀을 먹는 사슴의 수가 폭증하면서 산과 들의 식생이 남아나지 않을 것이다. 그래서 호랑이가 서식한다는 것은 사슴, 멧돼지 등 중대형 초식동물의 개체수가 조절되고 있다는 증거이며, 이는 다양한 동식물이 공존할 수 있는 환경이 조성되어 있다는 의미다. 즉, 호랑이의 존재 자체가 해당 지역 생태계의 건강함을 판단하는 중요한 기준이 된다.

    이처럼 호랑이는 먹이사슬의 가장 꼭대기에서 생태계의 균형을 유지하기 때문에 '최상위 포식자apex predator'라고 불린다. 또한 '깃대종flagship species' 또는 '우산종umbrella species'으로도 불린다. '깃대종'은 마치 국기처럼 특정 지역의 생태계를 대표한다는 의미에서, '우산종'은 넓은 영역에서 살아가기에 그 종을 보호하면 그 아래에 있는 여러 동식물도 동시에 보호할 수 있다는 의미에서 부여한 상징적 표현이다. 즉, 호랑이를 보호한다는 건 자연을 대표하는 상징을 지키는 일인 동시에 생태계 전체를 보다 효율적으로 보호하는 일이다.

우리나라에서 호랑이는 어떻게 사라져 갔는가

이렇듯 소중한 호랑이가 현재 우리나라의 야생에는 단 한 마리도 남아 있지 않다. 사실상 지역 절멸 단계에 있으며, 동물원에서 볼 수 있는 호랑이도 모두 외국에서 들여온 개체다. 호랑이는 총 6개의 아종으로 나뉘며(2017년 IUCN에서는 호랑이를 2개의 아종으로 구분했으나 잘 받아들여지지 않고 있다), 이 중 한반도에 서식했던 호랑이는 시베리아호랑이, 즉 아무르호랑이다. 현재 아무르호랑이는 러시아 연해주와 중국 길림성, 흑룡강성 등지에 800여 마리만 남은 것으로 추정된다.

현재 러시아에서 암컷 호랑이의 영역은 약 400제곱킬로미터, 수컷 호랑이의 영역은 1000제곱킬로미터 이상으로 알려져 있다. 이를 고려하면 한반도에 서식했던 호랑이의 개체 수는 많아야 수백 마리 정도로 추정할 수 있지만, 기록은 조금 다르게 이야기한다. 조선시대 초, 전국 330여 개 군현에서 매년 세 마리씩 호랑이와 표범 가죽을 진상했다는 것이다. 이를 보면 당시 산마다 호랑이가 서식했다고 해도 과언이 아니다.

그랬던 아무르호랑이가 왜 이 땅에서 사라져 버렸을까? 우리나라 호랑이의 절멸사를 제대로 이해하려면 조선 초까지 거슬러 올라가야 한다. 고려에 비해 인구가 두 배 이상 증가했던 조선에서는 농지 개간이 활발히 이루어졌다. 산으로 들로 터전을 넓힌 사람들이 호랑이로 인한 피해를 입으며 본격적으로 호랑이와 인간 사이의 갈등이 대두되었고, 조선왕조는 범에게 당하는 재앙, 일명 '호환'을 막기 위해 전력을 다했다. 함정을 설치하는 등 다양한 군사적 대응으로 호랑이를 사냥하며 대대적인 포호捕虎 정책을 실시했다. 이 과정에서 조선의 중앙군인 갑사 중에서 특별히 '착호갑사捉虎甲士'라 불리는 호랑이 전문 사냥 부대가 조직되기도 했다. 착호갑사가 처음 등장한 것은 1416년, 태종 16년이었다. 임시 조직이었던 이 부대는 1421년 세종 3년에 40명 규모의 정식 부대가 되었다. 이후 점점 커져 세조 때는 200명으로 늘었고, 성종 때는 440명에 달했다.

또한 이 시기에는 임금에게 호피와 표피를 진상하는 '호피공납제', 호랑이와 표범을 사냥한 사람들에게 큰 상을 내리는 '포호포상제' 등 국가 차원에서 호랑이 포획을 장려하는 여러 제도가 시행되었다. 그 결과 16세기 후반으로 갈수록 호랑이의 출현이 현저히 줄어들었고, 영조가 즉위한 1724년에는 범을 사냥하지 못하면 면이나 쌀과 비단 등으로 대체하는 징벌적 형식의 세금인 호속목虎贖木까지 폐지되었다. 18세기 중반부터는 한반도 대부분 지역에서 최상위 포식자가 호랑이에서 늑대로 바뀌어 갔다.

이후 일제강점기에 들어서면서 한반도의 호랑이는 다시 한번 큰 시련을 겪는다. 섬나라 일본인들에게 호랑이는 현실에서 볼 수 없는 신비로운 존재이자 경외의 대상이었다. 그런 만큼 호랑이에 대한 환상도 우리보다 더 강했다. 당시 조선총독부는 호랑이와 표범, 곰, 늑대 등을 해수害獸, 즉 사람에게 해를 끼치는 동물로 규정하고, 이들을 제거한다는 명분으로 '해수구제 정책'을 시행했다.

명분을 앞세운 일본의 행보에는 거침이 없었고 호랑이는 무참히 사살되었다. 호랑이의 뼈와 가죽, 고기는 일본으로 대거 반출되었다. 일제강점기 전 기간 동안 얼마나 많은 수가 포획되었는지에 대한 정확한 기록은 찾기 어렵다. 다만 총독부가 발행한 《조선휘보》에 의하면 1915년부터 1924년까지 기간 중 1917~1918년도를 제외한 10년 동안 한반도에서 총 89마리의 호랑이가 포획되었다. 특히 남한에서는 1924년 강원도에서 두 마리, 전라북도에서 여섯 마리가 포획된 것으로 기록돼 있다. 공식적인 기록이 이 정도라면, 실제 수는 이보다 훨씬 더 많았을 것이다. 게다가 1900년대부터는 전 세계적으로 호랑이에 대한 수요가 증가했다. 서양인들까지 집단적으로 한반도를 비롯해 중국과 러시아에서 호랑이 사냥에 나서자 남한 지역에서는 호랑이가 자취를 감추게 되었다.

그에 비해 북한에서는 1970년대까지도 호랑이 사냥이 이루어진 것으로 보인다. 호랑이에 관한 이들의 가장 최근 기록은 1998년에 백두산에서 발견된 발자국에 관한 것이다. 북한의 현실에 관한 정보를 얻기 어려운 만큼, 호랑이를 둘러싸고도 온갖 추측이 난무한다. 다만 2019년 러시아의 '아무르호랑이 센터' 소장인 세르게이 아라밀레프Sergey Aramilev가 북한에 약 20마리의 호랑이가 남아 있을 것으로 추정된다고 밝혀, 한반도에서 호랑이가 완전히 사라지지 않았을지도 모른다는 희망을 품게 했다. 이것이 진실인지 아니면 희망고문인지는 조사가 이루어져야 확인할 수 있을 것이다. 언젠가 정말 조사를 하게 된다면, 조사단에 꼭 참여하고 싶다는 꿈도 품고 있다.

현재 남한의 호랑이는 모두 동물원에만 있는데, 그마저도 수가 많지 않다. 한국인이 가장 사랑하는 동물인 호랑이를 자연에서는 물론 동물원에서도 보기 어려워진 현실이 안타깝기만 하다.

호랑이를
쫓는 사람들

한국인들에게 호랑이는 여러 얼굴을 가진 존재다. 때로는 영물이나 수호신처럼 여겨지지만, 한편으로는 두렵고 꺼려지는 대상이기도 하다. 특히 '창귀에 씌었다'는 표현은 호랑이가 얼마나 두려운 존재로 인식되었는지를 보여준다.

'창귀倀鬼'란 호랑이에 물려 죽어 귀신이 된 사람의 혼을 의미한다. 옛 선조들은 호랑이에게 희생된 이들의 영혼이 창귀가 되어, 호랑이가 먹이를 찾을 때 길잡이 역할을 한다고 믿었다. 이에 따라 창귀를 달래거나 제압하기 위한 의식으로 '호식장'이라는 풍습이 생겼으며, 호랑이에게 잡아먹힌 사람들의 무덤인 '호식총'은 금기의 영역으로 여겨져 가까이 가지 않는 것은 물론 벌초조차 하지 않았다.

반면, 창귀에 씔 두려움 따위는 아랑곳하지 않는 이들도 있다. 호랑이를 직접 보기 위해 일생을 바치는 이들은 호랑이에 매료된 민간 연구자, 미디어 종사자, 그리고 불법 밀렵꾼까지 면면이 다양하다. 캄보디아, 라오스, 베트남 등 동남아시아의 밀림에서는 호랑이 사체를 냉동 보관해 암시장에 유통하는 밀렵꾼들이 적발되기도 했다. 이들을 쫓는 수사기관의 집념도 또한 대단하다. 몇 해 전 방글라데시에서는 '타이거 하빕 Tiger Habib'이라 불리던 악명 높은 벵골호랑이 밀렵꾼이 체포되었다. 무려 20년간 그의 뒤를 쫓아온 경찰의 집요함이 만들어낸 결과였다. 밀렵은 단순한 생계 범죄를 넘어, 종종 국제 범죄 조직과 연결되기도 하는데, 호랑이를 둘러싼 인간의 깊은 욕망을 엿볼 수 있다.

그들은 왜 호랑이를 쫓을까

호랑이를 둘러싼 쫓고 쫓기는 추적은 지금도 세계 곳곳에서 계속되고 있다. 호랑이와의 조우를 꿈꾸는 민간 연구자들의 집요함은 밀렵꾼에 뒤지지 않을 정도다. 한국에서도 자칭 호랑이 연구자들의 행보는 늘 화제가 된다. 수년간 호랑이를 탐사하며 기록을 남긴 이가 다큐멘터리를 제작하고 책을 출간한 사례도 있으며, 인터넷 블로그와 유튜브를 통해 개인적인 연구와 추적기를 공유하는 이들도 있다. 그중 일부는 우리나라에도 호랑이가 존재한다고 주장하며, 호랑이를 목격했다는 제보를 꾸준히 내놓는다. 심지어 국제단체나 저명한 학자들에게 자신이 발견했다는 정보를 제공하거나 학자들을 초청하는 행사를 열기도 했지만, 한국을 찾은 전문가들은 결국 고개를 저으며 돌아가야만 했다.

데일 박사 역시 이들의 초청에 응해 한국에 방문한 적이 있다. 하지만 조사 결과 호랑이의 흔적은 발견되지 않았고 그들의 주장은 사실이 아니라는 결론이 내려졌다. 그럼에도 언론은 조사 결과보다 '국외 전문가들이 한국에서 호랑이의 흔적을 조사했다'는 사실에 주목했다. 단순한 해프닝이었다는 결론보다는 한국에 호랑이가 있을 수 있다는 가능성이 사람들의 관심을 끌기에 더 유리하기 때문이었을 것이다. 일부 매체는 데일 박사에게 인터뷰를 요청한 뒤 임의로 편집하여 개인 채널에 내보내기도 했다. 데일 박사는 일련의 일들을 겪은 뒤로 한국 언론과의 인터뷰에 신중해졌다. 결국 호랑이의 흔적을 주장하는 이들은 국제 전문가의 권위를 등에 업고 다양한 사업 활동의 기반으로 삼았다. 이들의 궁극적인 목적이 정말 호랑이의 존재를 증명하는 것인지, 아니면 호랑이를 통해 화제와 명성을 얻으려는 것인지 의문을 제기할 수밖에 없다.

    1998년 12월, 강원도 원주에서 호랑이를 목격했다는 신고가 접수되었다. 목격자는 무려 네 명이었다. 치악산에서 수렵 허가를 받고 사냥을 하던 이들이 호랑이를 보고 총을 쐈으나 도망쳤다는 내용이었다. 이후 부산 기장과 강원도 횡성 등지에서도 호랑이 또는 호랑이 발자국을 목격했다는 제보가 이어졌다. 그러나 현장 조사를 진행한 전문가들은 해당 흔적이 호랑이가 아니라 삵의 것이라고 결론지었다. 현재까지도 꾸준하게 목격담이 나오고 있으나, 호랑이라고 믿을 만한 정황이나 증거는 없다. 넓은 영역을 누비는 호랑이의 흔적이 그토록 많은 등산 인구에 의해 발견되지 않았다는 점을 생각하면 결코 의외인 결론은 아니다.

    그렇다면 데일 박사가 반신반의하면서도 한국을 찾은 이유는 무엇이었을까? 처음에는 호랑이가 완전히 사라진 지역에서 다시 나타났다는 주장 자체가 그의 궁금증을 자극했을 것이다. 또한, DMZ라면 아무르호랑이의 생존 가능성을 완전히 배제할 수 없다고 판단했을 수도 있다. DMZ는 오랜 기간 사람의 발길이 끊긴 공간인 만큼, 생물다양성이 확보되어 있을 것이며 면적 또한 호랑이가 서식할 정도는 된다고 추측할 법하다. 호랑이의 뛰어난 분산 능력에 관한 믿음도 작용했을 것이다. 물론 데일 박사가 보전생물학의 '최소존속가능개체군Minimum Viable Polulation' 개념을 몰랐을 리 없다. 즉, 좁은 지역에서 호랑이 한두 마리의 생존은 장기적인 보전의 관점에서는 큰 의미가 없다는 사실은 잘 알고 있었을 것이다. 그럼에도 한국을 방문한 것은 가능성보다는 기대감 때문이었으리라.

그러나 DMZ의 생태 환경을 고려할 때, 호랑이 개체군이 생존할 가능성은 극히 낮다. 호랑이 성체는 평균 몸무게가 150킬로그램에 달하며, 연간 약 3톤의 먹이를 필요로 한다. 그럼에도 사냥 성공률은 10퍼센트도 되지 않는다. 심지어 암컷의 안정적인 번식을 위해서는 멧돼지와 같은 대형 초식동물이 필수이다. 호랑이의 최소존속가능개체군은 약 50마리로 알려져 있는데, 현재 DMZ의 여건은 개체군을 유지하기에는 역부족인 것으로 보인다.

호랑이와의 공존을 위한 진심 어린 관심이 필요하다

"DMZ에서 호랑이 보전을 하고 싶습니다. 미국 쪽 정치인들과도 어느 정도 이야기는 되었고요."

2009년, 내가 야생동물보존협회(Wildlife Conservation Society, WCS)에서 호랑이 보전 활동을 하던 때의 일이다. 자신을 미국 어느 도시의 한인협회 회장이라고 소개한 남성에게서 황당한 제안을 받았다. 그는 미국의 유력 정치인에게 로비가 가능하다며, 한국에서 호랑이 사파리 사업을 할 수 있게 자신을 지지해 달라고 했다. 그가 구상하는 사업이 한국에서 호랑이 보전에 도움이 된다고 말해주면 기금을 마련해 줄 수 있다는 것이었다.

나는 그의 말을 듣고 어안이 벙벙했다. 특히 사파리 사업으로 호랑이를 보전할 수 있다는 주장에는 실소를 금할 수 없었다.

"중국 전역의 사파리에서 호랑이가 얼마나 많이 죽어나갔는지 아세요? 입장료 수익만으로는 호랑이의 먹이 값조차 충당하지 못해, 굶어 죽은 개체도 적지 않습니다. 게다가 호랑이는 번식력이 뛰어나기 때문에 몇 마리로 시작하더라도 10년 내에 수십 마리로 증식합니다. 그렇게 늘어난 개체를 어떻게 관리할지에 대한 계획은 있나요?"

그저 몇 마리를 풀어놓는 것은 보전이라고 할 수 없다. 종이 유전적 다양성을 유지하면서 생태계 내에서 본연의 역할을 할 수 있도록 하는 것이 진정한 의미의 보전이다. 그래서 나는 그에게 호랑이를 보전하려면 사파리 사업을 추진할 게 아니라 러시아 연해주 근처에 남아 있는 개체군을 보호하는 일이 훨씬 더 시급하고 중요하다고 강조했다. 물론 서식지 외 보전 역시 호랑이 보전에 중요한 역할을 하지만, 그의 구상에는 그런 점이 전혀 고려되어 있지 않았다. 그래서 좀 더 단호하게 이야기한 측면도 있다. 나의 대답에 떨떠름하다는 듯 반응하던 그와 어색했던 자리를 빠르게 마무리했다. 몇 년 뒤 나는 블로그에서 나를 원망하는 듯한 글을 발견했다. 해당 사업을 추진하려던 사람이 쓴 것으로 추정되는 글은 '책상에서 펜대만 굴리는 양반이 호랑이 사파리를 만들려는 나의 계획을 수포로 만들었다'는 내용이었다. 호랑이에 대한 기본적인 생태학 지식조차 부족했던 그에게 호랑이는 단순히 사업의 도구에 불과하지 않았을까?

또, 우리나라에서 호랑이의 흔적을 쫓는 사람들에게 호랑이는 어떤 의미일까? 남한에서 호랑이가 마지막으로 발견된 믿을 만한 기록은 1924년이다. 야생 호랑이의 평균수명이 10~15년에 불과하다는 점을 고려하면, 호랑이의 명맥이 유지되기 위해서는 최소한 한 쌍 이상의 개체가 살아남아 새끼를 낳고, 그들이 또 새끼를 낳아야 한다. 그러나 극소수의 개체만 생존한 상태에서 자연 번식으로 개체군을 유지하는 일은 사실상 불가능에 가깝다. 설령 일부 개체가 살아남았다 해도, 근친교배 때문에 유전적으로 건강한 개체군이 형성되기는 어렵다. 일부 사람의 주장대로 호랑이가 70년 이상 번식을 이어왔다면 강원도 산에는 이미 어느 정도의 개체가 생존하고 있어서 사체와 같은 흔적이 발견되었어야 한다. 그러한 기록은 전혀 없다.

이 외에도 남한에서 호랑이가 생존하려면 여러 가지 전제가 충족되어야 한다. 먼저, 북한에 충분한 호랑이 개체군이 존재해야 하며, 그중 일부가 백두대간과 동해안 해안선을 따라 수영해 남한으로 이동해야 한다. 또한 호랑이가 서식할 수 있는 최소한의 환경이 조성되어야 한다. 즉, 먹이원이 풍부해야 하고, 물을 쉽게 마실 수 있는 장소가 확보되어야 하며, 충분한 은신처도 갖춰져야 한다.

객관적인 조건뿐 아니라 호랑이와의 공존을 진지하게 고민하는 사회적 인식 또한 확립되어야 한다. 사라져 가는 동물을 보전하는 일에 사람들의 관심만큼 중요한 자양분은 없다. 그러나 호랑이와 생태계에 대한 올바른 이해 없이 관심이 확산될 경우 오히려 개인적 이익을 위해 호랑이를 이용하려는 왜곡된 욕망을 부추길 수도 있다. 호랑이와 공존하는 미래를 위해서는 일시적인 대응과 조치를 넘어서는, 진정성 있는 관심과 장기적인 시각이 필요하다.

또 다른
잊힌 범

표범은 호랑이와 함께 우리 민족의 정서와 문화를 상징하는 동물이다. 민화에 등장하는 표범은 해학과 두려움의 대상으로 묘사되는데, 특히 우리 조상들에게는 악한 기운을 물리치는 신령과 같은 존재로 여겨지기도 했다. 다만 야생에는 그보다 덩치가 크고 물리적으로 힘이 센 포식자가 존재하기 때문에 표범이 최강자로 군림할 순 없다. 홀로 살지만 강한 지배자인 호랑이와 무리를 지어 다니는 사자와 달리, 표범은 야생에서 존재를 드러내지 않고 늘 경계 태세를 유지하며 살아간다.

황금빛 털과 고혹적인 장미 무늬가 특징인 '아무르표범'은 호랑이와는 또 다른 카리스마와 민첩함을 갖춘 대표적인 큰고양이과 동물 중 하나다. 무엇보다 나에게 아무르표범은 나를 보전생물학자의 길로 이끈 소중한 존재다.

하지만 안타깝게도 호랑이와 함께 '범'으로 불렸던 표범도 조선시대의 포호 정책과 일제강점기 일본의 무자비한 사냥으로 개체수가 급감했다. 조선총독부 기록상으로도 600마리 이상이 남획되었으니 실제 수는 1000마리를 넘겼을 것이다. 그렇다면 당시 한반도는 표범의 땅이었다고 해도 과언이 아닌 셈이다.

하지만 해방 이후 한국전쟁 등을 겪으며 서식지가 점차 줄어들었고, 결국 1970년을 끝으로 야생 표범은 우리 곁에서 사라졌다. 그해 경남 함안에서 포획된 개체에 관한 기록이 야생 표범에 관한 마지막 기록이다. 1970년 3월 6일 자 경향신문 기사에 따르면 약 18세로 추정되는 수표범은 머리에서 꼬리까지 길이가 160센티미터, 무게는 51.5킬로그램이었다. '싯가 70만 원쯤'이라는 말로 끝나는 기사의 내용이 씁쓸함을 자아낸다. 이보다 조금 앞선 1962년, 경남 합천에서 생포된 표범 한 마리는 당시 창경원에서 11년을 살다가 1973년에 생을 마감했다.

1970년대 이후 혈통이 증명된 한국 표범이 남아 있는 곳은 서울대공원이 유일하다. 그렇다고 해서 한국 표범의 명맥이 끊겼다는 뜻은 아니다. 이들은 아무르표범이라는 이름으로 러시아 연해주 아무르강 유역과 중국 북부 지역에서 삶을 이어가고 있다.

아무르표범이 돌아올 그날을 기다리며

　우리나라에서 사라진 표범은 북한·중국·러시아의 접경지대에 간신히 살아남았다. 2000년대 초반까지만 해도 개체 수가 겨우 30마리에 불과해, 전 세계에서 가장 희귀한 큰고양이과 동물로 꼽혔다. 그러나 2015년에는 92마리로 늘었고, 현재는 약 150마리가 서식한다고 추정된다.

　표범의 무게는 40킬로그램 정도로, 200킬로그램 가까이 되는 호랑이보다 체구가 훨씬 작다. 눈이 많이 쌓이면 이동과 먹이 사냥이 어렵기 때문에 호랑이처럼 북쪽까지는 가지 못하고 러시아의 우수리스크 보호구역까지는 살 수 있을 것으로 본다.

　살아남은 표범이 조심성이 많은 건지 아니면 조심성이 많은 표범만 살아남은 건지는 확실하지 않지만, 러시아에서 표범은 사람을 피해 살아가는 조용한 공존을 택한 것이다. 얼마나 은밀하게 움직이는지, 표범이 마을 가까이 다녀가도 대부분의 주민은 그 사실을 눈치채지 못한다고 한다.

그 결과 20세기 내내 러시아에서 표범에 의해 사람이 목숨을 잃은 경우는 한 번도 없었고 상해를 입은 경우도 손에 꼽을 만큼 적다. 이처럼 표범은 인간과 공존 가능성이 높다 보니, 호랑이에 비해 국내 귀환의 가능성을 조금은 더 기대할 수 있다. 즉, 우리 땅에서 야생 표범을 만나는 일이 허황된 꿈만은 아니다.

나와 국립생태원 멸종위기종복원센터의 다른 연구진들은 표범이 한국으로 돌아올 경우를 대비해, 그들의 생존할 가능성을 가늠해 보는 프로젝트를 추진 중이다. 2022년 시작된 '동북아시아 아무르표범 잠재적 서식지 지도 제작'은 그중 하나인데, 표범의 땅 국립공원에 사는 표범의 서식지 특성과 생존 조건 등을 분석하여 지도 초안을 만들었다.

처음에는 서식지 특성만을 중심으로 분석했더니, 표범이 주로 한반도의 해안 지역에 서식할 수 있다는 터무니없는 결과가 나와 러시아 연구진과 소통을 거듭하며 수정해야 했다. 아직 보완은 필요하지만, 현재까지 분석 결과에 따르면 국내에서 아무르표범이 생존할 수 있는 지역은 강원도와 봉화, 영양, 청송 등 경상북도 북부 지방 일대다.

안타깝게도 국내의 다른 지역에서 표범이 생존하기는 어

려워 보인다. 도로가 많은 경기도와 서울은 특히 부적합하다. 도로는 표범의 이동 및 사냥 활동을 방해할 뿐만 아니라 로드킬road kill의 위험도 크기 때문이다. 이처럼 사람은 아무르표범의 생존에 직접적인 영향을 주는 요인이다. 우리는 지도를 만들기 위해 빛 공해 데이터를 활용해 인간의 밀집도를 조사했는데, 우리나라의 빛 공해는 중국 동북부, 극동 러시아, 북한에 비해 매우 심각한 수준이었다. 표범이 우리나라에 돌아오기 위해서는 그만큼 많은 노력이 필요하다는 뜻이다.

표범의 귀환을 위해서는 우선 러시아 내에서 표범 보전 활동이 잘 이루어져야 한다. 현재 국립생태원에서 내가 러시아의 보전 활동을 돕는 데 표범 보전 활동의 초점을 두는 것도 그래서이다. 러시아의 표범이 북한과의 국경을 넘어 한반도로 올 그날을 기다리는 것이다.

3마리가 30마리가 될 때까지

2024년 기준, 전 세계에 서식하는 야생 아무르표범은 150여 마리다. 과거보다는 증가했지만 애초에 수가 너무 적었기에 그들 내에서 근친교배가 지속될 수밖에 없었다. 그 결과 유전적 문제가 불거졌다.

표범은 몸길이의 절반이 넘는 길고 굵은 꼬리로 균형을 유지한다. 러시아 정부가 아무르표범 보전을 위해 운영하는 표범의 땅 국립공원의 카메라 트랩에 담긴 모습을 보면, 2020년 즈음부터 꼬리가 뭉뚝하거나 짧은 개체가 눈에 띄기 시작했다. 또한 촬영된 개체의 절반가량은 발끝이 하얗게 변한 모습이었다. 이와 같은 형질은 근친교배의 증거로, 낮은 유전적 다양성이 아무르표범의 생존을 위협하고 있음을 분명히 보여준다. 그래서 표범의 개체수가 다섯 배가량 늘어났음에도 축배를 들기에는 이르다는 우려가 지속되고 있다.

현재 혈통이 확인된 우리나라 내의 표범은 서울대공원에 있는 세 마리가 전부다. 그중 암컷은 한 마리뿐이며 2025년에 11살이 되어 새끼를 낳기 어려워지고 있다. 이 때문에 해외에서 표범 개체를 확보하는 일이 서식지 외 표범 보전의 가장 시급한 현안이 되었다.

우리나라에 지속 가능한 표범 사육 개체군을 조성하기 위해서는 해당 개체를 보유한 해외 기관과 협력해야 한다. 나는 가장 많은 개체를 관리하고 있는 유럽동물원및수족관협회의 아무르표범 서식지 외 보전 프로그램(EAZA Ex-situ Programme, EEP)과 긴밀히 소통하며 개체 확보에 주력하고 있다. 이를 위해서는 여러 동물원의 참여가 필수이기에 국립생태원과 서울동물원이 아닌 다른 동물원 또한 이 프로그램에 가

입할 수 있도록 다방면으로 노력 중이다. 빠르면 2025년 안에 새로운 아무르표범 EEP 회원 동물원이 생길 것으로 기대하고 있다.

다만, 이 과정에서 나는 종종 안타까움과 답답함을 느낄 수밖에 없다. 불과 몇십 년 전까지도 우리에게는 표범을 지켜낼 기회가 있었다. 야생 개체는 잃더라도 사육 개체는 보전할 여지가 있었는데, 이제 그마저 불가능해져서 다른 나라에 도움을 요청하게 되었다. 20세기 초 유럽의 사냥꾼들이 동북아시아에서 포획해 간 표범이 이후 그들 나라에서 성공적으로 번식되어 온 사실에 분노를 느껴야 하는지, 아니면 그렇게나마 개체를 유지할 수 있었음에 감사해야 하는지 복잡한 심정이다.

그래도 표범이 지구상에서 사라지지는 않았으니, 완전히 늦지는 않았다. 같은 실수를 반복하지 않으려면 이제라도 표범의 국내 도입과 증식 사업을 서둘러야 한다. 무엇보다 동물원 내의 개체는 야생 개체의 유전적 다양성을 높일 수 있는 해결책이기에 이들의 생존을 반드시 지켜내야 한다.

호랑이와 표범 보전 활동은 언제나 외로운 길이다. 현재 생태원에서 표범 보전이 나의 주 업무가 아님에도 내가 이 일을 가장 중요한 사명으로 여기고 많은 에너지를 쏟는 이유도 그 때문이다. 조금씩 쌓아온 노력이 빛을 보게 됐다고 할 수 있을까? 실제로 2026년부터는 우리나라에서 표범을 볼 수 있는 곳이 늘어날 것으로 기대하고 있다.

고라니와 삵이
사라지면 안 되는
'인간적'인 이유

생물다양성 위기는 이제 반박의 여지가 없는 사실이 됐다. 과거에 비해 상황이 얼마나 악화했는지 파악조차 하기 어려울 정도로 수많은 종이 사라지고 있다. 더 큰 문제는, 이렇게 사라지는 종이 생태계에서 어떤 역할을 하고 있었는지 명확히 알 수 없다는 점이다. 그러니 지금 우리는 지구라는 터전을 두고 언제 무너질지 모르는 아슬아슬한 젠가 게임을 하고 있는 셈이다. 손가락 크기의 직육면체 나무 블록을 탑처럼 쌓아 올린 후 하나씩 번갈아 빼는 젠가 게임을 할 때, 초반 몇 개까지는 탑이 무너질 기미가 보이지 않는다. 하지만 블록이 하나씩 제거될수록 탑은 점점 불안정해지고, 결국 마지막 블록 하나가 빠지면 순식간에 무너지고 만다. 생물다양성의 마지막 블록이 빠진다면, 지구는 대체 어떻게 될까?

하지만 명백한 위기 앞에서도 많은 사람이 '지구상에 생물다양성이 사라졌을 때 호모 사피엔스인 인간이 생존할 수 있을까?'라는 질문에 고개를 갸웃거린다. 지구 온난화로 인한 기후위기가 인류의 생존을 위협한다는 사실은 이해하면서도, 생물다양성 문제가 인류의 생존에까지 직접적인 영향을 미친다는 사실은 실감하지 못하는 것이다. 생태계를 유지하는 기둥이 무너져도 당장 삶에는 큰 지장이 없으며, 표범과 호랑이가 사라져도 경제는 발전하고 있으니 큰 문제가 아니라고 생각한다. "숲에서 고라니와 삵이 다 사라진다고 해서 무슨 문제가 생기겠는가?" 하고 반문하기도 한다. 하지만 수많은 사례는 생물다양성의 붕괴가 인류에게 가져올 위험을 경고하고 있다.

바닷속 산호가 사라지면 왜 인간이 식량난에 시달리는가

2007년, 미국 동북부에서 박쥐들의 코가 하얗게 변하기 시작했다. 이른바 '하얀 곰팡이병'이 미국 전역으로 빠르게 확산하면서 박쥐들이 집단적으로 죽어나갔다. 그때까지 인간에게 박쥐는 기피 대상이자 귀찮은 존재에 불과했으나 이 사건을 계기로 박쥐가 식물 종의 생존과 번식에 중요한 역할을 한다는 사실이 처음 제대로 주목받았다. 박쥐는 과일이나 열매의 씨앗을 섭취한 뒤 배설하면서 식물의 분포와 번식을 돕는다. 즉, 박쥐는 생태계의 구조를 형성하고 생물다양성을 유지하는 데 막중한 역할을 한다. 최근에는 박쥐가 감소하면 해당 지역의 영아사망률이 증가한다는 연구 결과까지 발표되었다. 박쥐가 사라지자 농작물에 피해를 주는 해충이 급증했고, 이에 따라 농부들의 살충제 사용량이 30퍼센트 이상 증가해 영아사망률이 8퍼센트 높아졌다는 것이다.

 박쥐뿐 아니라 생태계를 구성하는 생물에게는 모두 고유한 역할이 있다. 다양한 생물이 서로 영향을 주고받으며 생태계를 유지하는 가운데, 인간에게 더 직접적인 영향을 주는 종과 그렇지 않은 종이 존재할 뿐이다. 다만 그들이 하나둘씩 사라지면 생태계의 질서 전체가 흔들리고 그 영향은 고스란히 인간에게 돌아온다.

 우리가 좀처럼 보기 어려운 깊은 바닷속 생물도 예외는 아니다. 산호는 황록공생조류라고 하는 생물과 공생하며 '물고기의 집' 역할을 하는데, 해수 온도가 상승하면 황록공생조류가 떠나가거나 죽으면서 산호의 색이 흰색으로 변해버리는 백화현상이 일어난다. 유네스코는 2024년 보고서에서 온실가스 배출 흐름이 현재 수준으로 지속될 경우 세계자연유산으로 지정된 29개의 산호초 지역 중 25곳이 2040년까지 심각한 백화현상을 겪을 것이라고 경고했다.

이처럼 해양 생태계가 황폐화되면 산호초 지대에서 어업이나 관광업에 종사하는 사람들이 타격을 입는 것은 물론 바다 자원이 감소해 식량 부족 문제로 이어진다. 게다가 산호초는 파도의 에너지를 흡수하고 분산시키는 '자연 방파제' 역할을 하므로 이들이 소멸하면 인근 주민들의 주거 환경이 위협받는다. 태풍과 같은 열대성 폭풍이 발생하는 경우 해안 침식이 더욱 심화해 도로와 농경지 등이 바닷물에 잠기거나 유실되는 피해가 커지는 것이다. 생물다양성 파괴로 인한 생태계 붕괴는 돌고 돌아서 인간에게 영향을 미칠 수밖에 없다.

해양 생태계는 생물간 도미노 현상이 특히 두드러지는 곳이다. 윌리엄 라이플William Ripple 외 연구자들이 발표한 논문 「트로픽 캐스케이드란 무엇인가」(2016)에는 이러한 현상이 잘 정리되어 있다. 트로픽 캐스케이드trophic cascade란 '포식자에서 시작되어 먹이망을 통해 하위 단계로 퍼져나가는 간접적인 종간 상호작용'을 뜻한다. 즉, 생태계 내 생물들이 서로 긴밀하게 연결되어 있기 때문에 하나의 생물군이 사라지거나 변화하면 하위 단계의 생물들에게 연쇄적인 영향을 미치고,

결국 생태계 전체의 구조까지 변화할 수 있음을 보여주는 개념이다.

이와 관련해 해양계에서 잘 알려진 사례는 알류샨열도와 알래스카 남동부에 서식하는 해달이다. 해달은 20세기 초, 고급 모피를 얻으려던 사람들에게 무분별하게 사냥당하며 멸종 직전까지 내몰렸고 현재는 해안을 따라 국지적으로만 분포하고 있다. 1995년 제임스 에스테스James Estes와 데이비드 더긴스David Duggins가 발표한 논문에 의하면, 해달이 살아남은 지역에서는 성게의 개체수가 조절되어 켈프숲이 울창하게 형성되었다. 켈프숲은 해양 생물들에게 먹이를 제공하고 번식지와 은신처 역할을 하는 등 생물다양성 유지에 중요한 역할을 하는데, 그 영향력이 육지의 열대우림에 비견될 정도다. 해달이 사라진 곳에서는 성게의 밀도가 너무 높아 켈프숲이 소멸하고 황폐한 환경으로 변하고 말았다.

이후 해달 개체군이 새로운 지역으로 확산하자 해당 지역에서 성게 개체수가 줄어들며 켈프숲이 다시 살아나는 현상이 확인되었다. 반대로 해달의 포식자인 범고래가 해달 사냥을 늘렸을 때는 다시 성게 수가 증가하고 켈프숲이 감소하는 현상이 반복되었다. 이처럼 하나의 종이 사라지거나 등장하면 그와 직간접적으로 연결된 모든 생물이 영향을 받으며, 결국 생태계 전체가 변화하게 된다.

기후위기가 가속화하는 생물다양성 위기

이와 비슷한 문제가 우리나라 곳곳에서도 벌어지고 있다. 2024년 12월, 울산 태화강으로 돌아온 연어의 수가 19년 만에 최저치를 기록했다는 보도가 나왔다. 2014년 1827마리에서 2024년에는 37마리로 줄었으니 머지않아 회귀하는 연어를 보지 못할 수도 있다. 이들 회귀 연어는 한때 산업화로 심각하게 오염되었던 태화강의 수질이 지역사회의 노력으로 개선되었다는 증거로, 생태 복원의 상징과도 같다. 하지만 태풍으로 인한 강바닥의 지형 변화와 온난화로 인한 수온 상승과 같은 문제로 복원 노력이 물거품이 될 위기에 처한 것이다.

이처럼 심화하는 기후위기는 생물다양성 감소에 직접적인 원인으로 작용한다. 기후변화 때문에 생물의 개화 및 결실 시기, 서식지 분포 등이 변화하고 있으며, 그 변화 속도가 종별로 다른 영향을 미치면서 생물 간 상호 관계에도 혼란을 초래하고 있다. 기후변화에 관한 정부간 협의체IPCC 보고서에 따르면, 지구의 평균 기온이 섭씨 1.5~2.5도 이상 상승할 경우 동·식물 종의 약 20~30퍼센트가 멸종하고, 4도 이상 상승할 경우 40퍼센트 이상의 종이 멸종할 수 있다. 이러한 위기에 대응하기 위해 2015년 전 세계 195개국은 파리에서 열린 유엔기후변화협약 당사국총회COP21에서 2100년까지 지구의 평균 기온 상승 폭을 1.5도 이하로 제한하기 위해 힘을 합치기로 약속했다. 지구 평균 온도 상승으로 인한 재앙을 막기 위해 전 세계가 함께 노력해야 한다는 데 공감대가 형성된 것이다.

언뜻 2도가 큰 변화로 느껴지지 않을 수 있지만, 이는 '평균의 함정'에 빠진 생각이다. 10개의 값에서 평균이 5에서 7로 증가한다고 했을 때, 모든 값이 균등하게 2씩 증가할 수도 있지만, 한 값은 25만큼 증가하고, 다른 값은 5만큼 감소할 수도 있다. 마찬가지로 지구 평균 기온이 2도 상승한다고 해서 모든 지역이 균일하게 2도씩 오른다는 뜻이 아니다. 한 지역에는 극단적인 폭염이, 다른 지역에서는 극심한 한파가 발생하는 장면을 우리는 이미 어렵지 않게 목격하고 있다.

결국 기후변화와 생물다양성 문제는 맞물려 움직일 수밖에 없다. 심각한 기후변화는 생물다양성을 위협하고, 생물다양성이 파괴되면 기후변화에 대한 회복력 또한 낮아진다. 이 악순환을 끊는 것이 우리에게 주어진 가장 시급한 과제다.

코로나19 팬데믹을 또다시 겪지 않으려면

초유의 공중 보건 비상사태를 초래했던 신종 코로나바이러스는 2025년 4월 기준으로 7억 명 이상의 확진자와 700만

명 이상의 사망자를 낳았다. 가장 크게 주목받는 발발 원인은 야생동물의 불법 밀거래와 식용 문제다. 인간이 야생동물과 접촉하면서 바이러스가 옮겨 왔다는 것이다. 실제로 중국 우한의 화난華南 수산시장이 발원지로 지목되었고, 중국 당국은 야생동물 거래와 식용을 금지하고 야생동물 농장 수만 곳을 폐쇄했다.

인수공통감염병에 대한 우려는 오래전부터 제기되었다. 에볼라, 사스, 메르스와 같은 치명적인 감염병이 동물과 사람 사이에 전파되는 인수공통감염병의 일종임은 이미 잘 알려진 사실이다. 다가올 감염병을 어떻게 예방할지에 대한 논의가 이어지던 중, 2020년 경제협력개발기구OECD는 생물다양성과 감염병에 대한 정책 보고서를 발표했다.

이 보고서는 생물다양성 보호가 새로운 감염병을 막기 위한 필수 조건임을 강조한다. 오늘날 인간에게 발생하는 감염병의 약 75퍼센트가 동물에서 기원하는데, 여기에는 인간이 땅을 개간하고 야생동물을 착취하는 등 생물다양성에 압력을 가하면서 야생동물과의 접촉이 증가한 영향이 크다. 실제로 인간 활동이 활발한 지역일수록 인간에게 병을 전염시킬 수 있는 야생동물의 종류와 개체수가 훨씬 많다는 연구 결과도 발표되었다. 즉, 인간이 생물다양성을 파괴할수록 인간의 감염병 위험도 커질 수밖에 없다. 이러한 이유로 OECD 정책 보고서는 코로나19 회복 계획을 수립할 때 반드시 생물다양성 보호 의제를 포함해야 한다고 조언하고 있다.

생태학자 릭 오스트펠트Rick Ostfeld 역시 높은 생물다양성이 감염병 위험을 낮추는 이유에 관한 연구 결과를 발표했다. 이에 따르면 생물다양성이 높을수록 질병을 유발하는 병원체가 특정 숙주에 집중되지 않아 전파가 어려워지고, 그 결과 인간의 감염 위험도 낮아진다. 이를 '희석효과Dilution effect'라고 부르는데, 실제로 미국 동부 해안 지역을 분석한 연구에서는 소형 포유류의 종 다양성이 높을수록 라임병의 발생률이 낮은 것으로 나타났다.

질병 문제뿐만이 아니다. 2014년에 로버트 코스탄자Robert Costanza 외 학자들이 발표한 연구 결과에 따르면, 오늘날 생물다양성과 생태계가 제공하는 서비스의 경제적 가치는 연간 140조 달러에 이른다. 우리는 자연에서 음식, 약, 목재와 같은 물질적 혜택은 물론, 토양 침식 방지나 재해 완화와 같은 비가시적인 혜택까지 얻고 있다. 설령 인지하지 못할지라도 우리는 이미 생물다양성에 크게 의존하며 살아가고 있다. 그런 점에서 생물다양성 보전은 인간의 사회·경제적 경쟁력을 회복하는 길이다.

그런 중요성에 비해 여전히 생물다양성에 대한 대중의 관심은 크지 않다. 정부와 기업의 관심 역시 기후변화에 쏠려 있다. 생물다양성과 기후변화는 떼려야 뗄 수 없는 관계에 있고, 어느 것이 더 긴급하다고 할 수 없음에도 말이다. 생물다양성의 중요성은 몇 번을 더 강조해도 지나치지 않다. 인류의 생존과 번영을 위해서라도 우리는 관심의 폭을 넓혀야 한다.

동물에게는
국경이 없다

지난 몇 년간 세계를 휩쓸었던 코로나19 팬데믹은 '지구촌 사회'를 향한 우리의 인식에 큰 변화를 가져왔다. 각국은 바이러스 확산을 막기 위해 국경을 봉쇄하거나 출입을 제한했으며, 이는 사람의 이동뿐 아니라 국가 간 통상과 외교 전반에 직접적인 영향을 미쳤다. 평소에는 쉽게 넘나들던 국경이 순식간에 단절되자, 그것이 단순한 선이 아니라 각국의 정책과 법이 적용되는 강력한 경계임이 분명해졌다.

하지만 인간에게는 아무리 중요한 국경일지라도 야생동물에게는 아무런 의미가 없다. 야생동물들은 인간이 만든 국경선을 인식하지 못한 채 살기 좋은 곳을 찾아 이동할 뿐이다. 그런데도 인간이 만든 임의의 선은 야생동물의 활동과 생존에 직접적인 영향을 미치고 있다.

국경은 이동을 넘어 생존의 문제다

지금 이 순간에도 아무르호랑이는 중국과 러시아를 오가고 있다. 울타리로 경계를 만들긴 했지만 두 나라의 국경은 우리나라의 휴전선처럼 완전히 차단되어 있지 않기에 호랑이가 충분히 넘어갈 수 있다. 카메라 트랩 분석 결과에 따르면, 중국과 러시아 접경지대에 서식하는 호랑이의 약 42퍼센트가 국경을 넘나드는 것으로 추정된다. 만약 이 구역의 이동이 차단된다면 호랑이의 개체군은 두 집단으로 나뉘어 고립될 텐데, 그로 인해 근친교배의 위험이 높아진다면 유전적 다양성이 감소되는 문제로까지 비화할 수 있다.

이 문제와 관련해 우리에게 가장 널리 알려진 사례는 과거 유럽 왕실에서 벌어진 근친혼이다. 600년 이상 유럽을 지배한 합스부르크는 결혼을 통해 스페인부터 오스트리아까지 대영토를 지배한 유력 가문이 되지만, 왕가의 계승권을 지키기 위해 정책적으로 근친혼을 추진하면서 심각한 유전적 문제를 겪었다. 입을 다물 수 없을 정도로 튀어나온 '주걱턱' 때문에 음식을 삼키지도 못하는 지경에 이른 것이다. 이 유전병으로 스페인의 카를로스 2세는 임신조차 할 수 없었는데 대를 잇지 못한다는 것은 왕조에는 재앙과 다름없었다.

인간도 이럴진대 동물이라고 예외일 리 없다. 감염병과 같은 유사시에 유전적 다양성의 부족은 더욱 문제가 된다. 바이러스나 세균은 돌연변이를 일으키며 진화하는데, 개체군 내에서 유전적 차이가 크면 일부는 자연적으로 저항성을 가질 수 있다. 반면 유전적으로 유사한 개체군에서는 모두 같은 방식으로 반응하기 때문에 한 종이 특정 병원체에 저항력이 낮을 경우 집단 전체가 감염될 가능성이 커진다. 꼭 감염 문제를 겪지 않더라도 유전적 결함 등으로 인해 조기 사망의 확률이 높아진다.

포유류의 영역 다툼과 개척은 결국 생존과 번식을 위한 행동이다. 인위적인 울타리로 이를 가로막는다면 야생동물을 멸종위기로 내모는 일이 될 수 있다. 국경이 인간에게는 국가의 주권과 영토를 지키는 역할을 해왔을지 몰라도, 멸종위기종을 보호하기 위한 활동에서는 도리어 걸림돌이 되는 것이다.

국경을 초월한 생태 통로

멸종위기종 중 하나인 눈표범은 1만 제곱킬로미터가 넘는 지역에서 10개국이 넘는 국경을 넘나든다. 하늘을 나는 철새에게 국경은 더욱 무의미하다. 저어새는 3월에 우리나라에 도착해 4월부터 번식을 하고 10월이 되면 중국 남동부 해안이나 일본, 대만, 홍콩 등 월동지로 이동한다. 철새를 보호하기 위해서는 번식지·중간 기착지·월동지에 위치한 모든 국가가, 눈표범을 보호하기 위해서는 최소 10개국이 협력해야 한다는 의미다.

2024년 인천 송도에서 열린 '초국경 협력을 위한 자연보전 및 생물다양성 워크숍'에서 호랑이 연구학자인 유리 다르만 Yury Darman 박사는 같은 취지에서 호랑이 복원을 위한 동북아시아 국가들의 협력을 여러 차례 강조했다.

러시아 연해주의 시호테알린 산맥에 위치한 시호테알린 자연보호구역과 라조프스키 자연보호구역에는 약 700마리의 호랑이가 살고 있다. 반면, 중국과 러시아 접경지대의 서식하는 호랑이의 수는 2000년대 초까지 20여 마리에 불과했다. '백두산 호랑이'라는 명칭이 무색할 정도로 중국 쪽 백두산에서는 호랑이의 흔적을 찾기 어려웠다. 20여 년간 꾸준히 보전을 위해 노력한 결과, 현재는 개체수가 50여 마리까지 늘어난 것으로 추정된다. 게다가 호랑이는 점점 서쪽으로 이동하더니 2024년에는 아예 백두산 인근에서 모습을 드러냈다. 무려 30년 만의 귀환이었다.

중국 동북부에 호랑이 무리가 안정적으로 정착한다면 한반도의 호랑이 부활도 이루지 못할 꿈은 아니다. 다만 남한에서 야생 호랑이 한두 마리의 보전은 큰 의미가 없을 수 있다. 러시아와의 연결을 고려하지 않는다면 적어도 50마리 이상이 생존해야 개체군을 안정적으로 유지할 수 있는데, 인구 밀도가 높은 우리나라에서는 사람과의 충돌 없이 그 정도 개체를 수용할 지역이 없다. 호랑이가 단순히 돌아오는 것을 넘어 새끼를 낳고 안정적으로 정착할 조건이 마련되기 어렵다는 이야기이다. 그래서 남한에 호랑이를 복원하고자 하는 바람 역시 인간의 욕심일 뿐이다. 다행히 북한은 러시아와 이동이 자유롭고 백두산이 생물권 보호구역이라 호랑이가 생존할 여건이 된다.

그래서 만약 적은 수라도 호랑이가 러시아와 중국에서 북한으로 넘어올 경우, 그들이 금강산을 넘어 DMZ에 잠시 머무르거나 바다를 헤엄쳐서 강원도로 이동하는 일이 불가능한 일만은 아니다. DMZ가 호랑이들의 정착지가 되기는 힘들지만 중간 기착지이자 쉼터는 될 수 있는 것이다.

이러한 모든 가능성을 위해서라도 현 국경 체제의 한계

를 재고하고 범국가적인 협력을 이룰 수 있도록 해야 한다. 이것이 내가 지난 20여 년간 그토록 많은 국가를 누벼야 했던 이유이기도 하다. 국경이 없는 생명체들과 공존하기 위해 국경이 없는 생태 통로를 연결하는 것, 오늘도 세계의 많은 보전생물학자가 이 과제를 이루기 위해 발로 뛰고 있다.

3장

하나로 모으다
서로 다른 마음을

숲속의 보전생물학자

Project 1
인도네시아

Rhino
sonda

약 50	CR 위급	인도네시아 우중쿨론 국립공원
개체수	IUCN 등급*	사는 곳

* 세계자연보전연맹이 전 세계 동식물의 멸종위기 수준을 평가한 등급.

우중쿨론 국립공원에만 서식하는 가장 희귀한 코뿔소로, 몸무게는 900~2300킬로그램 정도로 비교적 몸집이 작은 편이다. 뿔이 하나이며 암컷은 작거나 없다. 2012년 이후 매년 한 마리씩 새끼가 태어나고 있으며, 수명은 30~40년 정도로 추정된다. 주로 단독으로 생활하며 야생에서는 관찰이 어렵다.

쫓겨난
코뿔소와
불법이 된
사람들

 보전생물학자로서 첫발을 내디뎠다고 할 수 있는 나의 석사과정 졸업 논문 주제는 '우중쿨론 국립공원에서의 인간 웰빙과 야생동물과의 갈등'이었다. 그때 이미 나는 인간과 동물의 갈등을 연구하기로 마음먹었고, 이제 갈등 문제가 있는 현장에 나갈 때가 된 것이다. 가장 먼저 떠올린 연구 대상은 역시 호랑이와 표범이었고, 그러려면 러시아나 중국에서 기회를 얻어야 했다.

 하지만 교내에는 마땅히 도움을 청할 곳이 없었고, 관련 단체에 연락할 방법을 알아내기도 쉽지 않았다. 어렵사리 찾아낸 몇 군데 단체에 이메일을 보내는 것이 내가 할 수 있는 전부였지만 어느 곳에서도 답을 받지 못했다. 모든 걸 뒤로하고 영국까지 날아왔건만, 뜻을 펼칠 기회조차 찾지 못하자 점점 초조해지기 시작했다. 더 이상 시간을 허비할 수 없다고 생각한 나는 결국 지도교수님을 찾아뵈었다.

"몇 가지 제안은 해줄 수 있어. 하지만 중국과 러시아 쪽은 아니야. 내가 추천하고 싶은 곳은 인도네시아의 우중쿨론 국립공원이야. 그곳에 지역주민과 야생동물의 갈등을 연구할 만한 사례가 있거든. 해보겠어?"

인도네시아는 아시아의 아마존이라 불릴 정도로 생물다양성이 확보된 나라다. 특히 우중쿨론 국립공원은 인도네시아에서 가장 오래된 국립공원이자 유네스코 세계유산으로 지정된 곳이다. 전 세계에 50마리가량 남아 있던 자바코뿔소의 유일한 서식지이기도 하다.

당시 아무르표범도 30~50마리밖에 남지 않은 상황이었기에 표범 대신 코뿔소를 연구하는 건 차선 중에서는 최선의 선택이었다. 그렇게 우중쿨론 국립공원은 석사과정 졸업을 위한 연구지로 선정되었다. 그곳의 주민들과 코뿔소 사이에 무슨 일이 벌어지고 있는지, 직접 확인할 시간이었다.

화산 폭발과 함께 시작된 연구

　야생동물 보전 연구라고 하면 흔히 깊은 산속을 헤매며 동물의 발자국을 쫓는 모습을 떠올리기 쉽다. 하지만 실제 보전 연구 활동은 다양한 수단이 동원되는 복합적인 과정이다. 그것은 활동 지역의 일부가 되는 일이기도 하다. 지역의 역사와 전통, 문화와 생계 방식을 깊이 이해하고, 주민들과 긴밀히 소통하며, 그들이 야생동물과 조화롭게 살아갈 수 있도록 돕는다. 공존을 위한 캠페인을 벌이거나 주민들을 위해 새로운 생계 수단을 마련해 주는 등 현실적이고 지속 가능한 해법을 공동으로 만들어가는 것이기도 하다.

　본격적인 연구에 앞서 최대한 많은 자료를 살피고 싶었으나 우중쿨론 국립공원에 관한 자료는 턱없이 부족했다. 인도네시아어를 할 수 없다는 점 또한 큰 걸림돌이었다. '인도네시아의 어느 지역주민들이 멸종위기에 처한 코뿔소와 갈등을 겪고 있다.' 이것이 인도네시아행 비행기를 탈 때까지 내가 알던 사실의 전부였다. 돌이켜 생각해 보면 무모할 정도로 용감했다. 대신 사전 준비는 철저히 해야 했기에 장티푸스, 수막염, 황열병 등에 대한 예방접종을 하고 갖가지 교육을 받았다. 그러고는 간단한 옷가지, 상비약, 노트북, 인도네시아어 회화 소책자를 커다란 배낭에 챙겨 넣은 후 설렘 반 걱정 반의 마음으로 인도네시아로 향했다.

　2006년 5월, 인도네시아는 마치 울창한 열대우림 속에 들어온 듯한 느낌을 주었다. 길거리를 가득 메운 오토바이들을 처음 봤을 때 내가 낯선 남자의 등에 매달려 그것을 타게 될 줄은 몰랐다. 하지만 그 순간은 매우 빨리 찾아왔다. 나는 오토바이로 현지 대학교 도서관과 보전단체를 찾아다니며 우중쿨론 국립공원에 대한 정보를 닥치는 대로 수집했다.

　갑자기 들이닥친 외국인을 불편하게 여길 법도 했지만, 모두가 반갑게 맞아주며 아는 것을 최대한 알려주려 애썼다. 끈질기게 자료를 찾은 끝에 우중쿨론 국립공원 안에 르곤파기스Legon Pakis라는 오래된 마을 하나가 있다는 사실을 알게 되었다. 세상에서 가장 귀한 코뿔소의 마지막 보금자리인 그곳에서 불법으로 살아가는 사람들이 있었다. 그들의 이야기를 들어야 했다. 나의 첫 현장 연구가 그곳에서 시작된다는 생각에 가슴이 두근거렸다.

　하지만 설렘은 오래가지 못했다. 도착한 지 한 달도 채 되지 않아 우중쿨론 국립공원이 있는 자바섬에서 강진이 발생해 므라피 화산이 폭발했다. 순식간에 수천 명이 죽거나 다쳤고, 수십만 명 이상이 집을 잃었다.

　뉴스에서는 하루 종일 피해 상황을 보도했다. 화산재가 자욱한 폐허 위로 널브러진 시신과 무너진 마을… 여과 없이 전달되는 화산 폭발의 참상은 충격 그 자체였다. 다만 불행 중 다행으로 내가 머물던 국립보고르농업대학교 실험실은 분화 지역과 500킬로미터가량 떨어져 있어서 직접적인 피해는 없었다. 하지만 메일함은 나의 안부를 묻는 친구들의 메일로 가득 찼다.

본격적인 연구는 시작도 못 한 상황에서 심각한 재난을 마주하자 심리적으로 크게 위축될 수밖에 없었다. '지금이라도 다른 나라로 가야 할까?' 하는 고민도 잠시 했지만, 결국 마음을 다잡았다. 하루라도 빨리 연구를 마치고 돌아가는 것이 최선이었다. 우선 인터뷰 준비부터 시작했다. 현지 상황을 잘 아는 통역사를 찾는 일이 급선무였다.

통역사는 국립공원 근처 마을에 지인을 둔 인도네시아 여성이었는데, 그의 남편도 동행하겠다기에 더욱 안심이 되었다. 우리는 먼저 우중쿨론 국립공원 사무소부터 들러 마을 출입 허가를 받았다. 거기까지는 모든 일이 순조로웠다. 문제는 마을로 가는 길목이었다. 르곤파기스에 가기 전, 1차 목적지인 키아라곤독Kiaragondok 마을까지는 약 60킬로미터를 가야 했다. 넉넉잡아 한 시간이면 도착할 줄 알았으나, 바퀴 하나가 내 몸집만 한 낡은 대형 트럭을 보고는 생각을 고쳐먹을 수밖에 없었다. 외국인이었던 나는 운전사 옆자리에 앉는 혜택을 얻었다. 특혜는 맞았으나, 운전사를 포함해 최대 세 명이 탈 수 있는 차량 앞좌석에 탄 사람이 이미 다섯이었다. 폭우에 쓰러진 나무들을 치우면서 비포장도로를 꼬박 일곱 시간이나 달린 끝에 차에서 내렸을 때는 엉덩이에 감각이 사라진 지 오래였다.

르곤파기스는 국립공원 내의 유일한 마을이었고, 키아라곤독은 국립공원의 완충 지대Buffer Zone에 자리 잡고 있었다. 즉, 이곳 사람들은 국립공원 안에 사는 사람들보다는 문제에서 자유로웠기에 여기에서 예비 조사를 하려는 계획이었다. 주민들이 나의 연구에 협조해 줄지, 영국에서부터 준비해 간 설문조사 자료에 문제가 없는지 등을 점검할 수 있는 작지만 중요한 첫걸음이었다.

불법과 생계 사이, 키아라곤독 마을 주민들의 삶

"마을 사람들의 불법 벌목, 자원 채취, 개간 때문에 국립공원 생태계가 위협받고 있습니다."

키아라곤독에 가기 전, 코뿔소 보호단체와 국립공원 사무소에서 공통으로 들은 이야기다. 우중쿨론 국립공원의 천연자원은 실로 어마어마한 수준이다. 근처 바다에는 부가가치가 높은 바닷가재를 비롯해 식용 물고기는 물론 관상용 물

우중쿨론 국립공원 방문을
환영하는 안내문.

르곤파기스 마을의 전경.

고기와 산호도 서식하고 있다. 내륙에는 관상용 새가 살았고, 금과 같은 광물과 화석이 났으며, 과일 재배와 논농사에 적합한 비옥한 땅까지 고루 갖추었다.

그리고 많은 보호구역에서 그렇듯 도시에 기반을 둔 시장은 비공식적이지만 활발하게 이곳의 자원을 사들이고 있었다. 자원을 내다 팔아 생계를 유지하는 마을 주민들은 코뿔소의 서식지를 파괴했다. 과실수를 더 심기 위해 불을 놓아 화전을 만들었고, 각종 임산물을 불법으로 채취했다. 이미 코뿔소가 50여 마리밖에 남지 않은 상황이었다. 더 이상의 서식지 파괴는 용납될 수 없었다.

이런 경우 보통은 서식지를 보호하기 위해 주민에게 이주를 강요하는데, 원래 그곳에 살던 사람들은 반발할 수밖에 없다. 우중쿨론 국립공원의 상황도 마찬가지였다. 국립공원에서 나가야 한다는 정부와 나갈 수 없다는 지역 주민 사이의 팽팽한 갈등이 수십 년째 이어지고 있었다.

그나마 다행이었던 점은 자바코뿔소를 거래하려는 시도는 없었다는 것이다. 코뿔소 밀렵의 가장 큰 이유는 뿔이다. 약재나 장식품으로 거래되는 뿔을 차지하기 위해 밀렵꾼들은 무자비하게 코뿔소를 사냥해 왔는데, 당시 그런 시도는 이루어지지 않았다.

마을 주변을 돌아보니 거주지는 완충 지대에 있었지만,

논과 밭을 비롯한 주민들의 생계 기반은 대부분 국립공원 내부, 즉 보호구역 안에 있었다. 불법 활동이라는 민감한 주제에 대해 질문해야 했던 나의 태도는 더욱 조심스러워졌다. 그들에게 직접 들어본 사정은 역시 안타까웠다.

"그 땅은 국립공원이 생기기 전부터 우리가 농사를 짓고 코코넛을 따던 곳이었어요. 정부는 불법이라고 하는데, 그러면 코코넛 열매와 껍데기를 팔아서 먹고사는 우리는 어떻게 살아가야 합니까?"

정부는 그들에게 생계를 위한 합리적인 대안을 제시하지 못하고 있었다. 주민들이라고 문제를 해결하고 싶지 않을 리 없었다. 다만 생존의 문제가 절실했을 뿐이다.

지금도 키아라곤독을 생각하면 가장 먼저 떠오르는 장면이 있다. 해맑게 웃으며 내 뒤를 졸졸 따라다니던 아이들이다. 언제 어디서부터 따라왔는지, 정신을 차려 보면 열댓 명의 아이들이 내 뒤에 줄을 서 있었다. 마치 동화 속 '피리 부는 사나이'가 된 듯한 기분이었다. 아이들은 영어를 하지 못했기 때문에 나는 서툰 인도네시아어에 손짓발짓을 써가며 소통했는데, 희한할 정도로 많은 것이 통했다. 마을에서 가장 개구쟁이로 통하는 아이조차도 내 앞에서는 수줍어했고 그러면서도 이것저것 알려주려고 애쓰는 모습이었다.

나는 마을 이장님 댁에 머물렀는데, 아이들은 저녁마다

나와 함께 밥을 먹기 위해 몰려들었다. 그때 아이들을 줄 세우고 문지기 역할을 해준 사람이 그 집의 첫째 딸이었다. 한쪽 다리가 불편한 탓인지 조심스럽고 내성적으로만 보였던 아이는 어느 날부터 마을 아이들과 장난도 쳐가며 자연스럽게 어울리고 있었다. 내가 그에게 자신감을 심어줄 정도로 괜찮은 자랑거리가 되었던 모양이다.

 5분이면 걸어갈 수 있는 곳을 두 시간이나 헤맬 정도로 심각한 길치이자 방향치였던 내가 이곳에서 한 번도 길을 잃지 않은 건 모두 아이들 덕분이었다. 나의 사소한 반응에도 매번 뒤집어질 듯 웃어주던 아이들과 언제나 반가운 손님을 맞이하듯 나를 반겨준 주민들 그리고 그들에게 찍힌 '불법'이라는 낙인. 이들과 함께하는 시간이 길어질수록 설명하기 어려운 그 괴리에 마음 한구석은 무거워지고 있었다.

불법 마을의 말 못 할 사정

 일주일 후 키아라곤독을 떠나 르곤파기스로 향했다. 정오쯤 도착해서 본 르곤파기스의 첫인상은 불법 정착촌이라는 칭호에 걸맞지 않게 평화롭고 정돈되어 보였다. 대나무와 바나나 잎으로 엮은 집들, 마을 곳곳에 시원스레 뻗어 있는 야자

수들, 한적하고 깨끗한 풍경은 오히려 여유로운 휴양지를 연상시켰다.

하지만 저녁이 되자 이곳이 왜 불법 마을인지를 비로소 실감할 수 있었다. 마을에 전기가 들어오지 않았기 때문이다. 일찍부터 해가 지던 마을은 오후 6시가 넘어가자 칠흑 같은 어둠에 휩싸였다. 문제는 마을 사람들이 오전 6시부터 오후 5시까지 농사를 지으러 가버린다는 사실이었다. 이들이 일을 끝낸 뒤 집에 돌아와 식사를 마치고 나면 이미 세상은 암흑이 되어버렸다. 설문조사를 해야 하는 나는 캄캄한 어둠과 싸워야 했고, 주민들의 귀한 휴식 시간을 방해하게 될까 봐 조심스러웠다.

다행히 마을 촌장님께서 상황을 이해하고 주민들에게 미리 양해를 구해주셨고, 고맙게도 반응은 키아라곤독 못지않게 뜨거웠다.

"어차피 이 시간엔 할 것도 없는데, 잘됐어요!"

나를 안심시켜 주던 다정한 호의는 좀처럼 만나기 힘든 외국인을 향한 호기심 어린 마음에서 비롯되었던 것 같다. 한 집에서 인터뷰가 끝나기도 전에, 다음 차례의 집에서 나를 데려가겠다고 와서 기다리기 일쑤였고, 미처 설문 대상자가 되지 못한 주민들은 자기 집에도 꼭 들러달라며 나의 통역사에게 몇번이고 간청했다. 그렇게 매일 저녁, 내가 준비한 손전

르곤파기스 주민들과 인터뷰하던 모습.
1982년 보호구역의 경계가 바뀐 이후
자신들에게 찾아온 변화를 설명하고 있다.

키아곤독에서 내 뒤를 쫓아다니던 아이들.
피리 부는 아저씨 대신 피리 부는 언니가 될 수 있었다.

등과 주민들이 가져온 기름등의 불빛에 의지해 르곤파기스의 현재와 과거를 이야기했다.

"국립공원과 갈등이 생긴 건 30년도 더 된 일입니다."

주민들이 이곳에 처음 정착한 건 1930년대였다. 논농사와 코코넛 농사 그리고 벌목으로 생계를 이어가던 이곳이 1982년 보호구역 안에 포함되면서 갈등은 시작됐다. 정부는 주민들을 보호구역 밖으로 이주시키려 했으나 성공하지 못했다. 이주 조건에 대한 정부와 주민 간 온도 차이 때문이었다.

"처음에 정부는 이주하면 살 집, 정착금, 예전과 같은 크기의 농사지을 땅, 물, 전기를 제공하기로 했어요. 그런데 막상 가보니 거기는 농사를 지을 수 없는 땅이었어요. 정부는 약속을 지켰다고 주장하지만, 그건 절대 사실이 아니에요."

1991년 60가구까지 줄었던 마을은 1997년 아시아의 금융위기 이후 사람이 다시 몰려들어 2006년에는 87가구로 늘었다. 전기도, 가까운 학교도 없는 곳이지만, 비교적 쉽게 큰 수입원이 되는 천혜의 자원이 사람을 끌어들인 것이다. 가구당 소유 면적이 평균 2.1헥타르에 이를 정도로 드넓은 논이 마을 전체를 푸르게 둘러싼 모습이 그 증거였다. 인구 밀도가 낮았던 시절에는 자원 이용을 둘러싸고 큰 문제가 없었으나, 본격적으로 화폐 경제가 도입되고 도시로 상품을 내다 팔기 위한 자원 착취가 가속화되면서 갈등이 본격화되었다.

한때 국립공원 사무소는 마을 주민들에게 벽돌 등으로 영구 주택을 짓거나 농지를 확장하지 않겠다는 약속을 받아내며 마을의 존재를 용인한 적도 있었다. 하지만 이후에도 농경지는 계속 확장되었고 결국 내가 마을에 도착하기 한 달 전인 2006년 5월, 경찰의 대대적인 불법행위 단속이 벌어졌다. 그 결과 키아라곤독 마을 주민 일곱 명이 불법 어업 혐의로 체포되었고, 르곤파기스의 일부 작물이 불타버렸다. 이는 신문에 보도될 정도로 큰 사건이었다. 주민들은 그때를 회상하며 불에 타버려 밑동만 남은 바나나 나무를 보여주며 울분을 터트렸다.

"저 나무가요, 우리 가족이 몇 년째 키워온 나무예요."

바나나를 재배하는 일이 불법임을 그들도 알고 있었지만, 그럼에도 억울하다는 것이었다.

사정은 안타까웠으나 그들의 생태계 파괴를 막을 의무도 있었다. 나는 그들의 이야기를 경청한 후 한 가지 질문을 던졌다.

"아이들은 초등학교를 졸업하면 어디로 가나요?"

이 질문은 실제 궁금증에서 비롯된 것이었지만, 동시에 이곳에 머무르면 아이들이 교육을 받기 어려워지는 현실을 상기시키려는 목적도 있었다. 이처럼 어려운 현실에도 주민들이 마을을 떠나지 않는 이유는, 그만큼 국립공원 내 농지가 비옥

했기 때문이다. 르곤파기스에서의 수입은 인도네시아의 일반적인 농촌에서보다 훨씬 더 나았다. 주민들이 국립공원 밖에서 같은 조건의 땅을 찾기란 사실상 불가능했다. 거기에 30년 이상 묵은 갈등과 의사소통의 부재로 인해 오해가 겹겹이 덧씌워지면서 주민들과 정부 사이의 불신은 깊어졌다.

그래도 희망은 있었다. 주민들은 정부나 국제단체가 아닌 외국인 과학자인 나를 대화의 창구로 받아들이고는 그간의 억눌린 감정을 터트렸다. 내가 들려주는 자바코뿔소 보전의 중요성에 대해서도 귀를 기울였다.

"국립공원이 추진하는 보전 활동에 참여할 의사가 얼마든지 있습니다. 그들에게 우리의 상황을 제대로 좀 전해주세요."

주민들과 약속한 대로, 나는 조사를 마치고 마을을 떠나며 국립공원 사무소에 상황을 잘 전달하려 했다. 그들이 생각하는 것만큼 마을 주민들의 마음이 닫혀 있지는 않으므로, 먼저 말을 걸어달라는 요청이었다. 사무소 역시 그 뜻에 공감하며 대화 창구를 넓히겠다고 약속했다. 이뿐만 아니라 이 지역의 보전 활동에 참여하고 있던 WWF 또한 양측이 갈등을 해소하는 데 도움을 주고 싶다는 의사를 전해왔다. 나는 마지막으로 국립공원을 생태관광이나 문화관광의 거점으로 활용해 주민들에게 농사 외의 친환경적 수입원을 제공해 보자는 제안을 남기고 인도네시아를 떠났다.

새로운 길을 모색하다

그로부터 17년이 지난 지금, 르곤파기스는 여전히 우중쿨론 국립공원 내에 자리하고 있다. 멸종이 우려되었던 자바코뿔소 역시 느리지만 1년에 한 마리씩 늘고 있다. 2021년에는 새끼 두 마리가 태어났다는 반가운 소식도 들려왔다.

최근 자료에 의하면 르곤파기스 마을에서 캠핑이나 새 탐조와 같은 생태관광이 이루어지고 있다는 소식도 있었다. 수익 분배 문제 등은 좀 더 살펴봐야겠지만, 마을 사람들과 코뿔소가 상생의 길로 가고 있는 것 같아 조금은 마음이 놓였다. 나의 연구와 논문이 얼마나 보탬이 되었는지는 모르겠지만, 작은 디딤돌쯤은 되었으리라는 생각에 한동안 뿌듯했다.

얼떨결에 떠나게 된 첫 보전 현장에서의 경험은 내게 깊은 흔적을 남겼다. 불과 두 달 남짓한 짧은 시간이었지만, 그곳에서 나는 보전생물학자로서 첫 뿌리를 내릴 수 있었다.

"이전에도 사람들이 오긴 했지만 이렇게 마을에서 잠을 자고 생활하면서 우리의 이야기를 들어준 건 당신이 처음이에요. 다들 마을에서 멀리 떨어진 호텔에서 지내곤 했거든요."

그들이 내게 보여준 환대 덕분에 나는 이후 어떤 낯선 지역에서도 주민들에게 먼저 다가갈 수 있는 사람이 되었다. 지진과 화산폭발이라는 예기치 못한 상황에서도 연구를 포기하지 않은 끝에 기대 이상의 성과를 얻은 기억은 늘 자신감의 기반이 되어주었다. 무엇보다도 이 길을 걷기로 한 내 선택이 틀리지 않았다는 확신을 비로소 얻을 수 있었다. 과학자로서 내게 요구되던 인내, 용기, 성실함과 같은 덕목은 다 거기에서부터 출발했다고 할 수 있기에 어쩌면 그 확신이 내게 필요한 전부였는지도 모른다. 인도네시아는 이제 막 꿈을 품은 나를 따뜻하게 품어주고, 내 등을 힘껏 밀어준 나라였다.

Project 2
벨리즈

그 바다의
오랜 주인

인도네시아에서 돌아온 첫날, 내 방의 전등 스위치를 누르면서 깨달았다. 당연하게 누려온 일상이 얼마나 소중한 것이었는지 말이다. 24시간 내내 전기가 들어오고, 따뜻한 물로 샤워를 할 수 있으며, 인터넷도 마음껏 할 수 있다는 모든 사실이 감동으로 다가왔다. 물론 이 감동도 그리 오래 가지는 못했다. 석사 학위 논문과의 사투가 나를 기다리고 있었기 때문이다. 논문을 쓰며 인도네시아에서의 시간을 정리하는 동안 내가 어떤 역량과 경험을 더 쌓아야 하는지 진지하게 고민했고, 그리 어렵지 않게 답을 찾았다. 내게는 더 많은 현장 경험이 필요했다.

중앙아메리카의 반도 국가 벨리즈에 가기로 결정한 건 그 때문이었다. 학교 게시판에서 우연히 발견한 한 공고가 계기였다. 해양보호구역Marine Protected Area의 경제적 가치를 측정하는 박사과정 프로젝트의 현장 보조원을 찾는다는 일자리 공고였다. 나는 곧바로 인터뷰 날짜를 잡았다.

벨리즈는 해양보호구역을 적극적으로 지정하고 체계적으로 관리하는 나라로, 바다가 지닌 경제적 가치를 분석하기에 적절한 조건을 갖춘 지역이었다. 해양 생태계에 의존하며 살아가는 그곳 주민들이 자신들의 바다를 얼마나 가치 있게 여기는지 궁금했다.

다행히 인터뷰는 순조로웠다. 해당 프로젝트를 주관하는 베니샤Venetia Hargreaves-Allen는 임페리얼칼리지 박사과정생이자 자연보전협회Conservation International에서 추진하는 해양보호구역 프로젝트의 일원이었다. 인터뷰에서 베니샤는 지금까지 내가 해온 경험과 이 연구에서 기대하는 바를 물었다. 나는 인도네시아에서 진행했던 석사 연구 활동에 관해 이야기하며, 연구 방법을 좀 더 배우고 싶다고 답했다.

인터뷰 말미, 예상치 못한 질문이 나왔다.

"해양 스포츠 좋아하세요?"

나는 최대한 당당하게 말하려 했지만, 영어 울렁증을 극복하지 못한 사람답게 어설프게 답했다. 하지만 며칠 뒤 베니샤는 벨리즈에 함께 가자는 메일을 보내왔다. 나중에 들은 이야기로는, 이 자리를 두고 경쟁이 꽤 치열했다고 한다. 벨리즈가 영국인들에게 인기 있는 휴양지였기 때문이다. 알고 보니 해양 스포츠에 대한 질문은 '미끼'였다.

"다른 지원자들은 연구보다는 관광을 즐길 생각이 더 커 보였어. 그런데 넌 확실히 프로젝트에 더 관심이 있는 것 같았어."

쟁쟁한 경쟁자들을 제치고 내가 선택된 이유였다.

내 인생을 바꾼 일주일과 뜻밖의 만남

벨리즈로 떠나기 전, 네덜란드부터 들렀다. 네덜란드 호랑이재단Tigris Foundation의 대표를 만나기 위해서였다. 이메일로 표범 보전에 대한 나의 관심을 간절하게 호소한 끝에 겨우 성사된 만남이었다. 나는 표범 보전에 대한 나의 열정을 진심 어린 언어로 전하려 했다. 그러나 내 이야기를 다 들은 뒤에도 대표는 고개를 저었다.

"우리 재단은 1인 재단입니다. 유럽에서는 주로 아무르표범을 위한 기금 모금 활동만 하고 있고, 현장 연구는 주력이 아니에요. 무엇보다 우리는 인력을 더 뽑을 여력이 없습니다."

너무나 안타까웠지만 현실을 받아들일 수밖에 없었다. 그래도 네덜란드까지 간 수고가 헛되지만은 않았다. 아무르 표범 보전 활동의 실상을 좀 더 알게 되었기 때문이다. 그의 말에 따르면, 러시아의 보전 사업은 표범보다는 호랑이에 더 중점을 두고 있었다. 그리고 그 과정에서 중국과의 협력이 중요한 과제가 되고 있었다.

러시아에서 밀렵된 표범과 호랑이의 상당수가 중국으로 팔려나갔던 데다가, 국경을 넘어와 불법으로 산나물을 채집하고 개구리를 잡아 가던 중국인들 또한 문제였다. 이들은 무려 수 킬로미터에 달하는 비닐을 이용해 대규모로 개구리를 잡아들이며 호랑이와 표범의 서식 환경에 심각한 악영향을 끼쳤다. 이처럼 명백한 불법행위들이 이어지고 있음에도 불구하고 중국과의 협력에는 어려움이 많다고 했다.

표범 보전 활동에 참여할 기회를 찾기가 생각보다 더 어렵겠다는 생각에 걱정이 밀려왔다. 하지만 동시에 이렇게 얻은 정보 하나하나가 언젠가 찾아올 기회를 위한 발판이 될 거라 믿으며 스스로를 다독였다. 그리고 자연스레 내 다음 목적지는 러시아가 아닌 중국이 되어야 하지 않을까 하는 생각도 스쳤다. 훗날 내가 정말로 호랑이 보전 사업에 참여하게 되는 바로 그 중국이다. 물론 당시에는 그 사실을 알지 못한 채 착잡한 마음으로 벨리즈로 향했다.

착잡했던 나를 위로해 준 건 다름 아닌 베니샤였다.

"나랑 같이 멕시코 칸쿤에서 열리는 해양보호구역 학회에 가지 않을래?"

벨리즈로 가던 중 그의 제안을 듣자마자 나는 속으로 환호성을 질렀다. 내 인생 첫 국제학회가 아닌가. 내가 발표자로 참석하는 건 아니었지만, 배우고 싶다는 마음이 누구보다 간절했기에 놓칠 수 없는 기회였다.

칸쿤은 버스로 이동이 가능할 정도로 벨리즈와 인접해 있었고, 학회장은 전 세계 해양 보전 전문가들이 모여 일주일간 생태 연구부터 정책까지 다양한 주제로 열띤 토론을 이어가는 공간이었다. 나는 벨리즈 연구에 도움이 될 만한 세션을 찾아 지역사회와의 상생을 주제로 한 발표를 들었고, 자연스레 토론과 그룹 활동에도 참여하게 되었다. 주로 듣는 입장이었지만, 인도네시아에서의 경험을 토대로 조금씩 내 생각을 보탤 수 있었고, 그러다 보니 어느새 처음 만나는 사람들과도 자연스럽게 대화를 나누게 됐다.

그러던 와중 션Sean Southey을 만난 건 지금 와 생각해도 꿈만 같은 기회였다. 쉬는 시간에 연구자들끼리 모여 장래 계획 등 사담을 나누던 참이었다. 유엔개발계획(United Nations Development Programme, UNDP)의 적도 이니셔티브Equator Initiative 팀장이었던 션이 갑자기 나에게 "유엔 인턴십에 관심이 있냐"

벨리즈 생활에 활력을 불어넣어주며 현지 적응에 큰 도움을 주었던 다나(왼쪽)와 연구를 함께 진행했던 캐나다 출신의 박사과정 학생 노엘라(오른쪽).

고 묻는 게 아닌가. 너무도 뜻밖인 질문을 마주하자 순간 머릿속이 하얘졌다.

"유, 유엔이요? 제가요?"

"벨리즈 프로젝트가 끝난 후에 UNDP 인턴십을 해볼 생각이 있으면 연락하라는 말이었어."

벨리즈로 가기 전, 고작 일주일 동안 이루어진 짧은 만남들이 나의 미래를 얼마나 크게 바꿀지 그때는 미처 알지 못했다.

그들이 바다와 함께하기를 선택한 이유

벨리즈는 약 150년간 영국의 식민 지배를 받다가 1981년에야 독립한 나라다. 그래서 다른 중남미 국가와 달리 영어가 공용어로 쓰인다. 내가 도착한 연구지는 수도에서 한참 떨어진 조용한 휴양 마을, 플라센시아Placencia였다. 해상택시를 타고 마을로 들어가는 길에는 맹그로브 숲이 펼쳐져 있었다. 바닷물에 잠긴 채로 꽃과 열매를 맺는 신비로운 나무들. 그들이 빽빽하게 모여 이루는 숲은 해양 생태계에서 중요한 역할을 하고 있었다.

내가 맡은 역할은 이 바다를 터전으로 살아가는 주민들의 삶을 파악하는 일이었다. 멕시코에서 만난 사람들은 언제나 활기차고 열린 태도로 나를 대해주었기에, 벨리즈에서 역시 비슷할 거라고 기대했다. 하지만 부둣가에 도착하자마자 마주친 어부들과의 첫 만남은 보기 좋게 예상을 빗나갔다. 나는 밝고 씩씩한 목소리로 먼저 인사를 건넸고 그들도 나를 반갑게 맞아주었다.

"여긴 놀러 온 거예요?"

"아니요. 해양보호구역에 관한 연구를 하러 왔어요"

그 순간 분위기가 돌변했다.

"대체 연구할 게 뭐가 있다고 여기까지 오는 거지? 우리 눈에 띄지 마."

예상치 못한 반응에 말문이 막혀버렸다. 앞으로 닥칠 난관이 예상됐지만 아랑곳할 여유가 없었다. 오히려 마음을 더 단단히 먹고 인터뷰에 나섰다. 첫 번째로 인터뷰를 진행한 곳은 해양 액티비티 센터였다. 스노클링과 스쿠버다이빙 장비를 대여하고 프로그램을 운영하는 이곳에서 다나를 만났다. 벨리즈에서 내 첫 설문 대상자였던 다나는 연구 기간 내내 나를 자신의 딸처럼 살뜰히 챙겨주었다. 그는 센터를 방문하는 어부들에게 "나의 넷째 딸을 도와줘"라며 그들이 기꺼이 내 설문에 응하도록 도와주었다. 또 나의 활동을 위한 중요한 조언도 아끼지 않았다.

"어민들도 처음에는 연구자들에게 친절했어. 배도 태워

주고, 해양생물에 대해서도 많이 가르쳐줬지. 그런데 연구자들이 다녀간 뒤로 해양보호구역이 생기고 어업 금지 구역이 지정됐어. 그러니 배신감에 치를 떨었지. 이제는 연구자라고 하면 경계부터 하니 너도 그냥 학생이라고 해."

벨리즈에는 세계적으로 손꼽히는 광활한 산호초 군락이 있는데, 그 안에 풍부한 수산자원이 자리하고 있다. 해양생물의 25퍼센트가량이 전체 해양 면적의 1퍼센트에도 못 미치는 산호 지대에 서식하고 있으니, 산호의 생태학적 중요성은 두말하면 입 아픈 정도이며 당연히 이곳에서도 어민들에게 중요한 삶의 터전을 제공해 주고 있었다. 이런 이유로 많은 연구자가 벨리즈를 찾았고, 그 결과 해양보호구역이 점점 늘어났다.

그 과정에서 주민과 연구자들 사이에 생긴 갈등은 근본적으로 '소통의 부재' 때문인 것처럼 보였다. 어민들은 보호구역 때문에 전처럼 자유롭게 어업을 못 하게 되었으니 불만을 느끼는 게 당연했다. 하지만 보호구역을 지정하기 전에 이들의 의견을 충분히 듣고 깊은 대화를 나누었다면 상황은 달랐을 것이다.

이는 막연한 기대나 희망이 아니었다. 실제로 벨리즈 주민들은 내가 인도네시아에서 만난 사람들, 혹은 다른 연구 보고서에서 접한 주민들과는 달랐기 때문이다. 인도네시아나 많은 보고서 속의 주민들은 자연을 '보전해야 할 대상'보다는 '마땅히 누리고 이용할 자원'으로 여기는 것처럼 보였다.

하지만 벨리즈 사람들은 달랐다. 벨리즈는 영미권 사람들에게 잘 알려진 휴양지였고 당시에도 개발 압력이 상당했다. 플라센시아에도 대형 휴양 시설이 들어설 계획이 있었는데, 개발업자들은 주민들에게 각종 일자리와 인프라를 제공할 것을 약속하면서 협조를 요구했다. 하지만 주민들의 반응은 냉담했다. 대형 휴양 시설이 들어오면 폐수와 폐기물로 카리브해가 망가질 거라는 우려 때문이었다.

"이 바다를 1, 2년만 사용할 게 아니잖아요. 더 먼 미래를 생각하면 그런 개발이 우리에게 이롭지 않지. 바다가 망가지면 어업도 못 하고 관광업에도 좋을 게 없고요."

만약 호텔의 제안을 따른다면 그들은 이전과 같이 생활하지 못하고, 호텔에 구속되어 일종의 소작농처럼 전락할 우려가 있었다. 주민들은 그 위험까지도 모두 인지하고 있었다. 그런 이들을 보며 놀라움을 감출 수 없었다. 당시만 하더라도 '지속 가능한 발전 목표'나 상생이라는 개념이 널리 알려지지 않은 시기였고, 주민들을 대상으로 캠페인이나 교육이 이루어진 적도 없었다. 그런데도 지속 가능한 이용이라는 개념을 그렇게 자연스럽게 이야기하다니. 왜 그렇게 생각하는지 이유를 묻자 그들은 오히려 내게 반문했다.

벨리즈 사람들이 지키려고 했던 라군의 모습.
해변과 모래 언덕으로 분리된 바다 옆의 습지 또는 얕은 염수인 라군은
해양생물의 주요 번식지일 뿐 아니라 인근 주민들의 삶까지 지탱하는 공간이다

"당연한 이야기에 이유가 어디 있어요?"

그들에게는 연구자도 알지 못하는 '전통 지식'이 있었다. 예를 들어 특정 시기의 특정 지역에 어떤 물고기가 서식하는지, 당해의 어획량이 다음 해에 어떤 영향을 주는지, 특정 지역의 남획이 인접 생태계에 어떤 연쇄적인 변화를 일으키는지 등은 모두 오랜 경험에서 비롯된 지식이었다. 이는 과학적으로 측정된 바도 없고 문서로 기록된 적도 없는 토착 지식이지만, 그들은 이를 바탕으로 자연과의 공존은 물론 더 먼 미래까지 내다보고 있었다.

그동안 내가 읽어온 수많은 보고서 속에서 주민들은 생계를 위해 자연을 훼손하고 야생동물을 무분별하게 포획하는 존재로 그려지곤 했다. 그 영향을 받은 나 역시 연구자들이 흔히 저지르는 오류를 반복하고 있었다. '현지인들에게는 생태계 보전보다 당장의 생계와 소득이 우선이다'라는 섣부른 판단이었다.

하지만 대대로 자연과 공존해 온 사람들에게는 그들만의 지식과 이야기가 있었다. 내가 주민들에게 해주어야 할 건 '당신들의 희망을 잃지 말라'는 응원뿐이었다. 자연과 함께 살고자 하는 그들의 희망이 곧 나의 희망이기도 했다. 다른 곳에서도 이처럼 생각하는 주민들을 만날 수만 있다면, 앞으로의 보전 활동에 더 큰 기대를 걸어도 괜찮을 것 같았다.

크라이슬러 빌딩 4층의 무급 노동자

"귀하는 유엔 인턴에 합격하셨습니다."

벨리즈에서 영국으로 돌아온 지 불과 두 달 만에 나는 UNDP의 인턴으로 채용되었다. 이 놀라운 기회는 호랑이와 표범 보전 활동과 관련된 일자리를 찾던 중 우연히 찾아왔다. 관련된 정보를 어디에서도 찾을 수 없던 나는 '더 적극적으로 움직여야겠다'는 결심 끝에 미국 동부로 가기로 마음먹었다. 왜냐하면 WCS 본사는 뉴욕에, WWF 아무르표범 프로젝트 총괄은 워싱턴 D.C.에 있었기 때문이다.

미국 동부로 갈 구실을 찾던 중 문득 멕시코에서 만났던

UNDP 션 팀장의 제안이 생각났다. 그 제안이 여전히 유효한지 물어보았더니 이틀 만에 인터뷰 날짜가 잡혔다. 그리고 인터뷰 며칠 후 바로 최종 합격 이메일을 받았다.

나중에 알게 된 사실이지만 유엔의 인턴 자리는 경쟁이 매우 치열해서 지원자의 10퍼센트 미만만이 합격했고, 공식 홈페이지를 통한 정식 절차를 밟는 경우 심사에만 꼬박 6개월이 넘게 걸린다고 한다. 그래서 나는 지금도 유엔 인턴직에 관심 있는 사람이라면 꼭 원하는 부서에 직접 연락해 보라고 조언한다. 그보다 더 좋은 방법은 나처럼 국제학회에서 관련자에게 직접 어필하는 방법이다. 그들은 짧은 만남이라도 직접 이야기를 나눈 후 서류상으로 판단하는 것을 선호하는 것 같았다.

언어라는 장벽을 돌파한 나만의 방법

내가 근무한 유엔 사무실은 뉴욕 스카이라인의 상징인 크라이슬러 빌딩 4층에 있었다. 영화 속 단골 배경이자 마천루의 아이콘인 그 빌딩의 로비는 늘 관광객으로 붐볐다. 사람들은 어린 동양인 여성인 내가 출입증을 찍고 그곳에 들어가는 모습을 신기하다는 듯 바라보곤 했다. 청바지와 티셔츠, 혹은 각 나라의 전통의상을 입고 필드를 누비던 내가 정장 차림으로 그 건물에 들어서고 있다는 사실이, 때로는 나조차 낯설게 느껴졌다.

사무실 분위기는 화기애애했다. 캐나다, 미국, 불가리아, 독일 등 다양한 국적의 동료들과 일했지만 업무에는 큰 어려움이 없었다. 문제는 언어였다. 그곳에서는 적도에 있는 NGO의 직원부터 글로벌기업의 CEO에 이르기까지, 폭넓은 스펙트럼의 사람들과 소통해야 했다. 그리고 그들과 원활히 소통하기 위해서는 일반적인 영어가 아닌, 충분한 예의와 격식을 갖춘 '고급 영어'가 필수였다. 감사 인사조차 'Thank you' 한마디로 끝나지 않고 왜 고마운지, 무엇이 인상 깊었는지를 구체적으로 표현해야 했는데, 이런 소통 방식은 그동안 내가 사용해 온 영어와는 완전히 달랐기에 큰 도전이 될 수밖에 없었다.

실은 영어 때문에 곤욕을 치른 건 이번이 처음은 아니었다. 영국 유학 초기에도 비슷한 경험을 했다. 한국에서는 영어 성적이 곧잘 나왔던 터라 큰 걱정 없이 유학길에 올랐던 나는 첫 수업에서 완전히 무너지고 말았다. 교수님의 모든 말씀을 받아 적을 요량으로 호기롭게 노트를 펼쳤지만, 세 시간 동안 내가 적은 단어는 고작 명사 몇 개와 관사 몇 개 수준이었다. 온종일 수업을 들었지만 노트 한 장 채우기가 버거웠고, 기나긴 토론 수업에서는 입 한 번 뻥긋하지 못했다. 그런 나를 안타깝게 여긴 동기들이 서로 자기 노트를 빌려주겠다고 나설 정도였다.

그때 나는 어학연수를 하지 않고 바로 학위 과정을 시작한 것이 과연 옳은 선택이었는지, 지금이라도 어학 공부부터 다시 해야 할지 고민했다. 하지만 경제적인 문제와 빡빡한 학업 스케줄을 생각했을 때 결국 수업을 들으면서 부딪히는 수밖에 없었다. 극단적인 상황에서는 융통성이 없는 편이 오히려 나았다. 수업을 조금이라도 따라가기 위해서 하루에 서너 시간씩 예습과 복습에 몰두했으며, 기숙사 방에 돌아와서는 늘 BBC 방송을 틀어놓고 영어를 귀에 익히려 했다. 물론 처음에는 거의 듣지 못했다. 하지만 내게 주어진 시간이 많지 않다고 생각했기에 그만큼 절실하게 매달렸다. 특히 토론 수업을 위해서는 예상 질문을 뽑아서 답을 준비했고, 하고 싶은 말이 생기면 버벅대더라도 꼭 입 밖으로 꺼냈다. 처음엔 토론 중에 번쩍번쩍 손을 드는 나를 신기하다는 듯 바라보던 친구들도, 시간이 지나자 내가 손을 드는지 먼저 살필 정도로 자연스럽게 받아들여 주었다.

교수님의 말씀이 조금씩 들리기 시작한 건 대략 3개월이 지난 후였다. 노트에 받아 적을 수 있는 내용이 점점 늘고 수업의 전체적인 흐름이 보이면서, 앞을 가로막던 뿌연 안개가 조금씩 걷히는 기분이었다. 작은 성취가 쌓이자 조금씩 자신감이 생겼고, 어느 순간부터는 사람들과 꽤 자연스럽게 대화하게 되었다. 2학기가 끝날 무렵 참석한 한 파티에서는 누구보다도 신나게 웃고 떠드는 내 모습이 나조차 신기할 정도였다.

그런 나에게도 유엔식 영어는 또 다른 도전이었다. 영국 유학 시절의 기억을 떠올리며, 이번에도 나는 정공법으로 문제를 돌파하기로 마음먹었다. 우선 내가 맡은 업무와 관련된 이메일을 모두 모았다. 수개월 치 메일을 꼼꼼히 읽고 자주 쓰이는 핵심 표현과 문장들을 찾아내 서너 가지 버전으로 정리했다. 그러고는 내가 가장 자연스럽게 쓸 수 있는 표현으로 바꾸었다. 아무리 멋진 문장도 내가 실제로 쓸 수 없다면 의미가 없었다. 중요한 건 나의 언어로 만드는 과정이었다.

이 경험은 이렇게도 쓰였다. 미국에서 박사과정을 하던 때의 일이다. 지도교수를 구하던 한국인 친구가 내게 이메일 작성을 도와달라고 부탁해 왔다. 워낙 콧대 높은 교수였던지라 이메일 한 통도 신중하게 써야 하는 상황이었다. 그런데 친구가 준비한 이메일을 보니 그대로 보낸다면 답장이 올 가능성이 거의 없어 보였다. 기본적인 격식도 갖추지 않은 채 하고 싶은 말을 두서없이 늘어놓았기 때문이다. 그렇지 않아도 미국 교수들은 한국 학생들의 영어 실력이 부족하다는 고정관념을 갖고 있는데 그런 메일을 보내면 관심을 끌기는커녕 편견을 더 심어줄 게 뻔했다. 나는 친구의 메일을 유엔의 공식

이메일처럼 정성껏 다듬어 주었다.

다음 날, 우연히 마주친 친구는 헐레벌떡 뛰어와 상기된 표정으로 내 영어 이름을 부르며 소식을 전했다.

"안야, 눈으로 보고도 믿을 수 없어. 그 교수가 나한테 엄청난 관심을 보이면서 바로 답장을 보냈어. 이건 다 네 덕분이야. 정말 고마워."

이메일 작성법이 결코 무시 못 할 스킬임을 그때 체감했다. 내가 자주 쓰는 방법은 첫인사를 건네는 메일에서 자기소개보다 상대에 대한 진심 어린 관심을 먼저 표현하는 것이다. 그래서 메일의 도입이 다소 긴 편이지만, 그 덕분에 단순히 소개를 주고받는 것을 넘어 상대와 유대를 쌓는 계기를 만들 수 있다. 유엔 인턴을 통해 익힌 영어 표현과 커뮤니케이션 스킬은 지금까지도 여러 기관과의 협업이나 국제적인 프로젝트를 수행하는 데 큰 도움이 되고 있다.

이 시기는 커뮤니케이션에 있어 스킬만큼이나 중요한 태도를 배운 때이기도 하다. 지금의 나를 두고 소극적이거나 내향적이라고 생각하는 사람은 많지 않을 것이다. 하지만 초등학생 시절 담임 선생님이 엄마에게 "정은이는 조선시대 여성 같습니다"라고 말할 정도로 나는 얌전하고 소극적인 아이였다. 대학생이 되어서도 식당에서 목소리를 높여 주문하는 것조차 쑥스러워했고, 말해야 할 타이밍을 놓쳐 '그때 한다고 할 걸'이라며 후회하는 일도 다반사였다.

그랬던 내가 영국 유학과 유엔 인턴 생활을 거치며 서서히 변해갔다. 영국에서는 서툰 영어 실력에도 불구하고 나를 따뜻하게 지지해 준 사람들 덕분에 서서히 말문을 틀 수 있었다. 유엔에서의 경험 역시 전문적인 업무를 배우기보다는 다양한 국적의 사람들과 자연스럽게 대화하고 호감을 주고받는 법을 익힌 시간이었다.

나는 그 과정에서 언제나 더 많은 사람을 만나고, 가능한 한 많은 것을 스펀지처럼 흡수하려 했다. 그렇게 해서 영국에서는 스윙댄스, 미국에서는 줌바댄스, 멕시코에서는 살사를 출 정도로 활달한 사람이 되었다. 예전의 나를 아는 사람이라면 상상조차 하지 못할 이런 모습이야말로 열린 자세로 다양한 사람과 소통하고 협업해야 하는 지금의 내게는 무엇과도 바꿀 수 없는 핵심적인 커뮤니케이션 스킬이다.

한 달 뒤를 내다보지 못하는 인생

유엔 인턴은 너무나 영광스러운 자리였지만, 마음이 편할 수만은 없었다. 뉴욕의 물가는 상상을 초월하는 수준이었고, 나는 무급 노동자였기 때문이다. 처음에는 한인이 가장 많이 거주하는 퀸스의 플러싱에서 처음 만난 한국인 세 명과 함께 살았다. 하지만 사무국까지의 거리가 너무 멀어 결국 강아지를 산책시킬 의무가 있는 맨해튼의 작은 아파트로 옮겼는데, 그때 이미 통장 잔고는 바닥을 드러내고 있었다.

더 이상 부모님께 손을 벌릴 수도 없었다. 인턴십을 마치고 영국으로 돌아가기 전, 믿을 만한 발판 하나는 반드시 마련해 두어야 한다는 절박함이 있었다. 그래서 이번이 마지막이라는 각오로 표범 보전에 참여하기 위한 시도에 나섰다.

내가 UNDP 적도 이니셔티브에서 맡은 업무는 '적도상 Equator Prize' 운영과 관련된 프로젝트였다. 적도상은 적도 주변에 위치한 국가에서 지속 가능한 이용 및 개발과 생물다양성 보전이라는 두 마리 토끼를 잡은 단체들에게 그 노력과 성과를 인정하기 위해 주는 상이다. 나는 상과 관련한 국가기관·단체·기업 등과 일정을 조율하는 업무를 맡았는데, 수많은 단체와 협의하는 과정에서 왜 유엔 같은 국제기구의 업무 속도가 그토록 더딜 수밖에 없는지 그 이유를 절실히 이해하게 되었다. 그러는 사이 외교적인 언어로 소통하는 법도 배우고, 인간과 자연이 공존하는 생생한 사례들 또한 접할 수 있었다.

행사를 준비하는 동안, UNDP의 협력 기관 중 하나인 WCS의 교육 담당 팀장을 만날 기회가 생겼다. 내가 뉴욕에 온 데에는 WCS 본부가 브롱크스에 있다는 이유도 있었다. 문을 두드릴 기회만 엿보던 터였기에 이때를 놓치지 않고 팀장에게 호랑이 프로젝트 담당자를 소개해 줄 수 있는지 물었고, 그는 흔쾌히 안드레아Andrea Heydlauff를 이메일로 연결해 주었다. 나는 곧바로 간단한 소개와 함께 만남을 요청했다.

이번에는 기필코 호랑이 프로젝트에 참여할 기회를 얻어야 한다는 압박감 또한 내 몫이었다. 호랑이 보전 활동에 관심을 갖게 된 계기와 그동안 기울여온 노력, 앞으로의 계획 등 나를 알릴 수 있는 모든 내용을 고스란히 머릿속에 정리한 후에야 비로소 준비를 마쳤다는 느낌이 들었다.

WCS 본사가 있는 브롱크스는 뉴욕의 대표적인 슬럼가이자 위험지구다. 지하철에서 내리자마자 을씨년스럽고 흉흉한 분위기가 예사롭지 않았다. 하지만 그런 분위기에 휩쓸릴 틈도 없이, 곧 만나게 될 안드레아와의 대화만을 머릿속으로 반복해 연습했다. 본사 정문에 들어서자 심장이 요동쳤고, 맥박 소리가 내 귓가에서 울리는 것 같았다. 하지만 안드레아를 만났을 때는 최대한 담담하고 여유로운 듯 행동했다. 간단한 자기소개를 마친 뒤, 준비해 간 이야기를 꺼냈다. 인구 밀도가 높은 중국에서는 호랑이와 주민들이 갈등할 위험이 크다는 점을 설득한 후, 내게 야생동물과 인간 사이의 갈등을 조율해 본 경험이 있음을 강조했다. 그들 역시 둘 사이의 갈등 가능성을 충분히 인지하고 있는 눈치였다. 또한 중국 훈춘의 자연보호구역이 연변 조선족 자치구에 위치해 있으므로 내가 한국인 연구자로서 언어와 문화적인 강점이 있다는 점에도 긍정적인 반응을 보였다.

"아주 인상적인 대화였어요. 당신의 열정은 정말 인상 깊었습니다. 지금으로선 채용에 대한 어떠한 약속도 해줄 수 없지만 WCS 중국 지부에 연락은 해줄게요."

안드레아는 약속을 지켰고, 나는 마침내 WCS 중국 지부 호랑이팀 팀장인 빙Bing Li과 화상 면접을 할 기회를 잡았다. 안드레아와의 만남이 좋은 예행연습이 되었던 덕분인지, 이번 면접에서는 오히려 긴장이 덜했다.

면접이 끝난 후 또다시 초조한 기다림이 시작되었다. 당장 한 달 뒤에 내가 어디서 무얼 하고 있을지 전혀 예측할 수 없는 불안한 순간의 연속이었다. 하나부터 열까지 전부 스스로 해내야 했다. 비유하자면 꼭 눈앞에 뿌연 안개가 낀 것 같았다. 그 시간을 다 지나 보내고, 안개가 걷히고 난 뒤에야 볼 수 있었다. 한 치 앞만 내다보며 힘들게 내디뎠던 걸음들이 고스란히 모여서 길이 되어 있음을. 나만의 길이란 그렇게 겨우 만들어지는 것이었다.

Project 3
중국

호랑이

Panther
tigris a

750~800	EN 위기	극동러시아 및 북·중·러 접경지대
개체수	IUCN 등급	사는 곳

가장 큰 고양이과 동물 중 하나로, 호랑이 아종 가운데에서도 가장 크다고 알려져 있지만 몸무게는 벵골호랑이와 비슷한 수준이다. 단독으로 생활하며, 암컷은 200~400제곱킬로미터, 수컷은 1,000제곱킬로미터 이상의 넓은 영역을 차지한다. 주요 먹이원은 멧돼지와 대륙사슴이며, 2023년 러시아 정부가 추산한 개체수는 750여 마리이다. 우리나라에서 마지막 서식 기록은 1924년에 발견된 것으로, 현재는 멸종위기 야생생물 I급으로 지정되어 있다.

우리 집
소 잡는
호랑이가
미운 사람들

"으악!"

2007년 여름의 어느 날, '팀에 합류하라'는 WCS 중국 지부 팀장의 메일을 읽고 나는 소리를 지르며 방 안을 뛰어다녔다. 마침내 호랑이 보전 활동에 참여할 수 있게 된 것이다. 간절히 바라던 일을 하게 됐다는 기쁨과 함께, 번번이 좌절했던 도전의 기억들이 한꺼번에 설움으로 북받쳐 올라왔다.

중국으로 떠나기 전 나는 아무르호랑이와 아무르표범에 관한 논문을 읽고 또 읽었다. 논문의 저자보다 내용을 더 자세히 기억할 만큼 머릿속을 호랑이와 표범으로 가득 채웠다. 그리고 '북·중·러 접경지대 호랑이 보전을 위한 통합 워크숍'이 열리는 시기에 맞춰 중국 연변으로 향했다. 그때까지 부족한 중국어 실력은 고민의 대상조차 되지 않았다. 나의 관심은 오직 하나, 마르고 닳도록 읽은 논문과 보고서의 저자가 워크숍에 온다는 사실뿐이었다. 데일 미켈 박사라니! 들뜬 마음이 도무지 가라앉지 않았다.

1992년부터 러시아 시호테알린에서 호랑이를 연구해 온, 호랑이 보전 연구의 산증인이라 할 수 있는 그에게 내가 얼마나 준비된 사람인지 보여주고 싶었다. 그를 만나면 어떤 것부터 물어볼지 온종일 생각하고 또 생각했다. 그런데 막상 그를 마주했을 때, 나는 잔뜩 움츠러들 수밖에 없었다. 예상과는 다르게 싸늘하고 어색한 공기가 우리 사이에 흘렀기 때문이다. 그래도 용기를 내어 말을 건넸다.

"박사님, 정말 뵙고 싶었어요! 박사님께서 쓰신 논문과 보고서를 몇 번이나 읽었습니다. 그런데 인간과의 갈등에 대한 내용은 굉장히 제한적이던데, 러시아에서는 사람들과 호랑이 사이에 갈등이 없는 건가요?"

"거의 없다시피 하지."

그는 온몸으로 '난 너를 상대하고 싶지 않아'라고 말하는 듯했다. 내가 아무리 넉살 좋게 이런저런 질문을 던져도 짧은 대답으로 일관하며 대화의 흐름을 끊어버렸다. 공들여 준비한 질문도, 나의 장기인 친화력도 전혀 통하지 않았다. 첫 만남에 이렇게까지 차갑게 대할 수 있나 싶을 정도로 나를 귀찮아하는 기색이 역력했다. 대체 내가 뭘 잘못했기에 이토록 싸늘하게 구는 걸까? 이유를 묻고 싶었지만, 그는 그럴 기회조차 주지 않았다.

훈춘 마을에서 문전박대당하다

데일 박사의 냉대로 시작된 수난은 꼬리를 물고 이어졌다. 호랑이 보호팀에서 내가 맡은 과제는 인간과 호랑이 사이의 갈등을 해결하는 것이었고, 그 갈등의 중심에는 훈춘 보호구역에서 호랑이와 함께 살아가는 마을 사람들이 있었다. 훈춘에 도착하자마자 팀장은 나를 보호구역 내의 조선족 마을로 데리고 갔다. 그곳은 당시 호랑이 피해가 가장 큰 마을이었는데, 그때만 해도 나는 상황의 심각성을 제대로 인지하지 못하고 있었다. 팀장은 이장과 짧은 대화를 나누더니, 나를 바라보며 편하게 한국말로 대화하라고 했다. 나는 활짝 웃으며 인사를 건넸다.

"안녕하세요? 호랑이 보호를 위해 한국에서 온 임정은입니다. 반갑습니다."

누가 웃는 얼굴에 침 못 뱉는가 했던가. 내 인사에 돌아온 것은 고성과 냉대였다.

"호랑이를 보호하러 한국에서 여기까지 왔다고? 우리가 호랑이 때문에 얼마나 고생하는지 알고 말하는 거요? 호랑이에 대해 더는 말하고 싶지 않으니 어서 썩 꺼지시오."

마을에 도착한 지 불과 5분도 되지 않은 시점에 일어난 일이었다. 너무 당황한 나머지 뭔가를 더 해봐야겠다는 생각도 하지 못했다. 정신없이 사무실로 돌아와 나의 태도를 되돌아보았다. 인도네시아와 벨리즈에서의 경험만 떠올리며 너무 안이하게 접근한 것은 아니었을까? 스스로에 대한 실망과 연이은 냉대에 서러움이 몰려왔지만, 이 정도 일로 눈물을 보일 수는 없다는 생각에 감정을 눌러 삼켰다.

친절함만으로는 다가설 수 없는 마음이 있다는 것을, 그날 머리가 아닌 피부로 실감했다. 중국에 온 지 일주일이 채 되지 않은 시점이었기에, 함께 간 누구도 섣불리 나를 위로하지 못했다. 나중에 들은 이야기지만 팀장은 내가 얼마 버티지 못할 줄 알았다고 한다. 하지만 나는 떠날 생각이 조금도 없었다. 어떻게 손에 쥔 기회인데, 허무하게 물러설 순 없었다. 도리어 반드시 해내야겠다는 오기가 생겼다.

그때부터 본격적인 고민이 시작되었다. 훈춘 시내에 위치한 기숙사 겸 사무실에 틀어박혀 외부에서는 구할 수 없던 현지 자료들과 마을의 구체적인 상황을 담은 온갖 문서들을 밤낮없이 들여다보았다. 그때까지도 나는 마을 사람들과 호랑이 사이에 갈등이 있다는 사실만 막연히 알았을 뿐 구체적인 실상을 파악하지는 못하고 있었다. 그러나 야생동물과 사람 사이의 갈등은 내 생각보다 훨씬 더 다양하고 복잡한 양상으로 나타날 수 있는 것이었다.

내가 방문했던 마을은 보호구역 내 여러 마을 중에서도 호랑이로 인한 피해가 가장 심각한 곳이었다. 호랑이는 주민들의 소중한 소를 해마다 열 마리씩 잡아먹고 있었다. 그런 호랑이가 얼마나 미웠을까. 주민들이 내게 보인 날 선 반응을 비로소 이해하게 될 즈음, 문제의 본질도 명확히 보였다. 나는 훈춘이라는 지역사회가 어떻게 돌아가는지 전혀 알지 못했고, 마을 사람들은 그런 나를 신뢰하지 않았다. 그렇다면 방법은 하나뿐이었다. 그들을 더 자주 만나서 그들의 이야기를 더 많이 듣고, 깊이 대화하는 것.

고민을 이어가며 이런저런 아이디어를 내던 내 모습을 옆에서 지켜보던 팀장이 어느 날 조용히 나를 불렀다.

"호랑이와 마을 주민 간의 갈등 해결은 매우 중요한 문제라고 생각해요. 하지만 나는 상하이 사무실에 있으니 매번 즉각적인 도움을 줄 수 없어요. 이 부분은 전적으로 당신에게 맡길 테니 일일이 나에게 보고할 필요 없이 마음껏 프로젝트를 추진해 봐요."

예상치 못한 전권 위임이었다. 책임감과 긴장감이 동시에 밀려들었다. 하지만 확실한 기회였다. 그렇게 팀장의 전폭적인 지지와 믿음을 발판 삼은, 좌충우돌 훈춘살이가 본격적으로 시작되었다.

중국어가 서툰 나를 위해 팀장은 조선족 어머니 한 분을 통역사로 붙여주었다. 나는 그분과 함께 3개월 동안 보호구역 내의 20여 개 마을을 전부 찾아다녔다. 주민들과 인사를 나누고 그들이 살아가는 이야기를 하나하나 귀담아들었다. 그들은 날이 추운 11월부터 3월까지는 일이 적었지만, 나머지 기간에는 농사일로 바쁘게 지낸다고 했다.

그때 주민들이 입을 모아 이야기한 가장 큰 골칫거리는, 뜻밖에도 호랑이가 아닌 멧돼지였다. 멧돼지가 한번 밭에 들이닥치면 농작물이 초토화되었다. 고추를 태우는 등 온갖 대응책을 써봤지만 소용이 없었다. 결국 멧돼지가 자주 나타나는 시기에는 돌아가며 불침번을 서야 했다.

"호랑이가 근처에 있을 땐 오히려 멧돼지가 사라져서 좋기도 하지."

주민들의 말에서는 호랑이를 두려워하면서도 멧돼지를 생각하면 꼭 미워할 수만도 없는, 복잡한 감정이 엿보였다. 뒤엉킨 내막을 제대로 이해하려면 좀 더 체계적인 조사가 필요했다. 지체하지 않고 연변대학교 대학생들의 도움을 구해 주변 마을의 현황 조사를 시작했다. 학생들에게 조사 방식과 주민 응대 요령에 관한 가이드를 제공하고, 매일 저녁 그들이 주민들을 인터뷰한 내용을 점검하며 피드백을 주었다. 학생들은 인터뷰가 잘 풀리지 않던 순간에 내 조언을 따르자 곧바로 원하는 응답을 얻을 수 있었다며 신기해했다. 그렇게 기본적인 인적 사항부터 생계 수단, 호랑이로 인한 피해 규모와 호랑이에 대한 인식에 이르기까지 주민들의 일상과 가치관을 속속들이 알게 되었다.

결과는 놀라움의 연속이었다. 주민들은 소를 호랑이 보호구역 안에 방목하고 있었다. 당시 소 한 마리 값은 이들 연소득의 3분의 1에 이를 정도로 비쌌다. 과거 우리나라에 '소 한 마리를 잡아서 딸을 시집보낸다'는 이야기가 있던 것과 마찬가지로 소는 이들에게 매우 중요한 자산이었다. 그런데 이들은 소가 농작물을 해치면 안 되니 집 근처로는 데려올 수 없다는 엉뚱한 이유를 들며, 호랑이가 나오는 곳에 소를 풀어두고는 호랑이에게 화를 내고 있었다. 게다가 호랑이로 인한 피해 보상 제도의 존재를 알고 있으면서도, 그 절차나 방식에 대해서는 제대로 알지 못했다.

이것이 오랜 세월 그들의 삶을 지탱해 온 생활 방식이었다. 나에겐 너무 낯설고 이해할 수 없는 일들이, 그들에겐 당연한 상식이었다. 그 상식과 오해를 푸는 일부터 시작해야 했다.

영어 회화 교사를 자청하다

어떻게 해서든 주민들과 더 가까워져야 했다. 고심 끝에 선택한 방법은 마을 아이들의 영어 선생님이 되는 것이었다. 학교가 없는 마을에서 읍내로 아이들을 보내 기숙사 생활을 시킬 만큼 교육에 대한 주민들의 열의가 컸기 때문이다.

나는 곧장 읍내의 유일한 초등학교를 찾아가 교장 선생님께 무료로 영어 회화 수업을 열고 싶다고 했다. 단, 호랑이로 인해 가장 큰 피해를 입은 마을에 사는 아이들만 수업에 참여하게 해달라는 조건을 덧붙였다. 처음엔 의아해하던 교장 선생님도 제안의 취지를 듣고는 흔쾌히 수락해 주셨다. 그렇게 나는 매주 한 번씩 학교를 찾게 되었다.

춘화소학교는 훈춘 시내에서 버스를 타고 포장도로와 비포장도로를 번갈아 두 시간이 넘게 달려야 도착할 수 있는 곳이었다. 다가온 첫 수업 날, 아이들은 교실 복도에 줄지어 서서 나를 기다리고 있었다. 내가 교실에 들어간 후에야 조심스레 따라 들어오던 아이들의 행동에는 교사를 향한 존중이 담겨 있었지만, 나는 더는 그러지 말라고 당부했다.

수업 초반 아이들은 말도 통하지 않는 나를 신기해하면서도 경계를 늦추지 않았다. 하지만 수업이 거듭될수록 점차 태도는 달라졌다. 부끄러워 대답조차 하지 못하던 아이들이 스스로 손을 들고, 서툰 영어로 더듬더듬 말을 하기 시작했다. 꼭 내 영국 유학 시절을 보는 것 같았다. 머지않아 아이들 사이에서 나의 영어 수업이 '특별한 수업'으로 통하면서 다른 아이들의 부러움을 사게 되었다. 수업이 시작되면 참여하지 못한 아이들은 창문에 대롱대롱 매달려 교실 안을 들여다보았고, 수업을 듣는 아이들이 그런 친구들을 향해 창문을 닫아버리는 웃지 못할 장면이 벌어지기도 했다.

수업 커리큘럼에는 영어뿐 아니라 호랑이와 관련된 내용도 녹여 넣었다. 한 학기를 마무리하며 내가 내준 마지막 숙제는 '호랑이 그림 그려 오기'였다. 그 숙제를 통해 나는 생애 최고의 그림을 만나게 되었다. 불법 포획에 맞서 호랑이를 지키는 소녀를 그린 그림이었다. 그림을 보며 생각했다. 20년 뒤에도 이들이 여전히 마을에서 살아간다면, 자발적으로 앞장서서 호랑이와 공존할 방법을 찾지 않을까? 나는 지금까지도 호랑이에 관한 보고서를 쓰거나 발표를 할 때 꼭 그 그림을 넣곤 한다.

방학이 시작될 무렵, 나는 한때 매몰차게 쫓겨났던 그 마을에 당당히 입성했다. 학부모들의 열렬한 환대를 받은 건 순전히 영어 수업 덕분이었다. 일주일에 한 번씩 수업을 들은 아이들이 쪼르르 집에 돌아가 수업 이야기를 전해주었기 때문이다.

"아이들에게 영어를 가르쳐줘서 고맙습니다. 앞으로 우리가 도울 일이 있으면 뭐든 말해요."

첫날 나를 쫓아냈던 이장님이 멋쩍은 표정으로 환영 인사를 건넸을 때는 눈물이 찔끔 날 뻔했다. 역시 지성이면 감천이었다. 마침내 나는 '귀찮은 방해꾼'에서 '고마운 선생님'으로 마을 사람들에게 한 걸음 다가가게 되었다.

그 고삐를 늦추지 않기 위해 주민 대상 교육도 시작했다. 테마는 '한여름 밤의 영화'. 낮에는 농사일로 바쁘지만 해가 지면 딱히 할 일도, 놀거리도 없다는 주민의 말에서 아이디어를 얻었다. 나는 저녁이면 훈춘 보호구역 안의 마을을 돌며 공터에 프로젝터를 설치하고 영화를 상영했다. 가정마다 TV가 있긴 했지만, 마을 사람들이 다 함께 대형 스크린으로 영화를 보는 경험은 특별할 수밖에 없었다. 주민들의 반응은 폭발적이었다.

나의 교육은 영화 상영 전 막간의 시간을 활용해 이루어졌다. 호랑이를 마주쳤을 때의 대처법부터 소가 호랑이에게 공격당했을 때의 보상 절차까지, 주민들에게 꼭 필요한 내용으로 구성된 맞춤형 수업이었다.

춘화 소학교에서 진행한 영어 수업 첫날 자기 소개 시간.
외국인 선생님을 처음 만난 아이들은 긴장한 기색이 역력했지만
나는 한껏 들떠 있었다.

훈춘 마을의 어린이가 그려준
내 생애 최고의 그림.
불법 포획에 맞서 호랑이를 지키는
여자아이를 그린 이 그림을
나는 지금까지도 보고서와
발표에 사용하곤 한다.

"호랑이가 사람을 보고 곧장 달려드는 일은 드물어요. 한동안 조용히 서서 나직하게 으르렁거리는데, 이때 절대로 허둥대거나 도망치면 안 돼요. 오히려 호랑이를 자극할 수 있거든요. 눈을 마주치면서 천천히 뒤로 물러나고, 가능한 몸을 꼿꼿하게 세워 몸집이 커 보일 수 있도록 하세요. 소리 또한 크게 내어 자신이 사람이라는 걸 인식시켜야 해요."

호랑이의 공격을 받은 마을 주민이 있었던 영향인지 사람들은 호랑이 대처법과 피해 보상 절차에 특히 귀를 귀울였다. 훈춘 보호구역 담당자가 직접 나서 현장 확인과 행정 절차를 상세히 설명하자 "왜 보상이 늦어졌는지 이제 알겠다"라며 고개를 끄덕이는 이들도 있었다.

교육 후 실시한 설문 조사에서는 긍정적인 의견이 압도적이었다. 훈춘 보호구역 담당자조차 "주민들이 호랑이와 관련된 일에는 늘 시큰둥했는데 이렇게 긍정적인 반응을 보이기는 처음"이라며 놀라워했다. 일련의 교육 활동이 마무리될 무렵, 나는 어느새 마을의 유명 인사가 되어 있었다. 나의 어설픈 중국어에 귀 기울이며 말을 걸어주는 이들이 점점 늘었고, 웃기면서도 슬픈 이야기지만, 내 몸짓언어는 수준급이라 할 정도가 되었다. 통역 없이도 마을 사람들과 가뿐히 호랑이 이야기를 나눌 수 있었으니 말이다.

그렇게 여러 마을을 제집 드나들듯 오가면서, 주민들과

나 사이에 서서히 신뢰가 쌓여갔던 건 어쩌면 당연한 일이었다. 더 이상 낯선 이방인이 아니라 마을의 한 구성원으로 자리 잡았다는 느낌은, 나 혼자만의 감정은 아니었을 것이다.

드디어 데일 박사로부터 인정받다

그 무렵 데일 박사가 훈춘을 다시 방문했다. 당시 WCS가 진행하던 중국 호랑이 프로젝트는 베이징에 있는 WCS 중국 본부가 아닌, WCS 러시아 본부의 관리를 받았다. 그래서 사업 계획부터 결과 보고까지 모두 팀장뿐 아니라 데일 박사에게도 보고해야만 했다. 처음 만났을 당시 시베리아 벌판의 찬바람처럼 냉담하기만 했던 데일 박사는 언제 그랬냐는 듯 너무나 유쾌하고 다정하게 나를 맞아주었다.

어느 날 저녁, 데일 박사에게 물었다.

"첫 만남에서는 나한테 왜 그렇게 쌀쌀맞게 굴었나요?"

잠시 당황한 듯하던 그는 이내 이유를 설명해 주었다.

"마음이 상했다면 미안해. 그런데 난 네가 호랑이라는 이름에 끌려서 온 뜨내기라고 생각했어. 여기 와서 현실을 겪어 보곤 며칠도 못 버티고 돌아가는 사람이 부지기수니까. 솔직히 너도 3개월을 못 채우고 그만둘 줄 알았어."

음식을 함께 만들어 먹는 일 또한
마을의 일원으로 녹아들기 위한 노력 중 하나였다.
엉성한 솜씨로 빚은 만두임에도 마을의 큰언니는
연신 먹음직스럽다며 칭찬을 아끼지 않았다.

WCS 태국과 캄보디아 지부에서 파견나온 전문가들과 함께 훈춘 보호구역 감시원들을 대상으로 호랑이 모니터링 교육을 진행했다.

여성들이 마을의 상황을 어떻게 인식하고 있는지 알아보기 위한 활동을 진행했다.
참가자인 부녀회 분들의 표정이 사뭇 진지하다.

데일 박사와 함께 훈춘 보호구역 현장을 살피던 모습.
데일 박사가 팔짱을 낀 채 국립어류및야생동물재단$_{NFWF}$ 관계자의 이야기를 듣고 있다.

그래도 조선족 자치구에 한국 사람이 필요하지 않았냐는 나의 물음에, 데일 박사는 한국 사람이라서 더 믿기 어려웠다고 털어놓았다. 데일 박사는 과거 여러 차례 초대를 받아 한국에 방문한 적이 있었다. 한국에서 호랑이의 흔적이 발견되었으니 급히 와달라는 요청이었는데, 급히 찾은 현장에서 마주한 건 사람이 찍어놓은 발자국과 사람이 나무 위에 고이 올려 둔 고라니 사체 등 거짓으로 꾸며진 것들뿐이었다. 일련의 일을 겪은 후 그는 한국 사람이 호랑이에 대해 하는 말은 믿지 않게 되었다고 했다.

나는 이야기를 들은 후 어색하게 웃을 수밖에 없었다. 한국인들의 사기 행각에 화가 나면서도 한편으로는 '호랑이 사랑은 정말 못 말리는 민족이구나' 하는 생각도 들었다. 하지만 정말 호랑이를 사랑한다면 그런 이슈몰이용 거짓말보다는 살아남은 호랑이들을 위한 일을 해야 하지 않을까. 이런저런 생각으로 잠잠해진 나를 보며 데일 박사가 조용히 덧붙였다.

"그런데 이렇게 짧은 시간 동안 네가 이만큼의 일을 해낼 거라고는 전혀 예상하지 못했어. 넌 정말 대단해. 러시아어를 할 줄 안다면 러시아로 데려가고 싶을 정도야."

이보다 더한 칭찬이 있을까 싶었지만, 이상하게 마음이 들뜨지는 않았다. 훈춘에서 내가 해야 할 일이 아직 많이 남아 있었고, 어쩌면 지금부터가 진짜 시작이었기 때문이다.

훈춘에
숨어든
미국 스파이?

중국에서는 새로운 사업을 추진하려고 하면 반드시 정부의 지지를 받아야 했다. 마을 주민들과 점차 소통을 늘려가던 시점에 나 또한 자연스럽게 중국 정부와 접촉할 방법을 고민하기 시작했다. 하지만 세상의 다른 모든 일처럼, 그냥 주어지는 것은 없었다. 훈춘 정부 부처의 국장들이 조선족이라는 정보를 입수한 후 몇 번이나 전화 연결을 시도했지만 매번 출장 중이라는 답변만 돌아왔다. 다시 연락을 주겠다는 약속도 번번이 지켜지지 않았다.

그렇게 몇 달이 흘러 거의 포기하고 있던 무렵, 뜻밖의 기회가 찾아왔다. 마을에서 프로젝트를 하던 중 우연히 퇴직한 공산당 간부 부부를 알게 된 것이다. 그들은 자신들의 막내딸보다도 어린 내가 호랑이를 보호하겠다며 애쓰는 모습을 갸륵하게 여겼는지 나를 도와주고 싶어 했다. 나는 중국 내에서 축산과 목축 업무를 담당하는 축목국의 국장을 만나고 싶다고 슬쩍 운을 띄웠는데, 그 자리에서 바로 전화를 걸어주는 게 아닌가. 몇 달 동안 아둥바둥해도 되지 않던 일이 너무 쉽게 풀리자 기쁨과 별개로 허탈한 마음까지 들었다.

국장을 만나기 전, 나는 입사 면접을 준비하듯 포트폴리오를 꼼꼼히 정리했다. 하지만 첫 만남에서 내가 준비한 포트폴리오는 무용지물이 되어버렸다. 국장은 내가 추진할 프로젝트보다 나라는 사람에 대해 더 궁금해했다. 뒤이은 두 번째 만남에서 역시 프로젝트에 대한 이야기는 전혀 꺼내지 못했다. 그 자리에는 국장이 데려온 한국 기업인 한 명이 동석해 있었는데, 더 이상 국장을 만날 필요가 없겠다는 생각이 들 무렵 그 기업인이 내게 아주 중요한 조언을 건넸다.

"중국에서 일하는 게 만만치 않지요? 그래도 조급하게 생각하지 마세요. 여기에서는 같이 일하는 사람이 얼마나 믿을 만한가를 가장 중요하게 생각하더라고요. 1990년대에 한국 사람들이 여기 와서 사기를 많이 쳤거든요. 당신이 그런 사람이 아닌지, 지금 이리저리 찔러보는 중일 거예요. 옆에서 지켜

보니 당신을 믿을 만하다고 생각하는 것 같았어요."

따뜻한 격려 덕분에 내 노력이 헛되지 않았음을 확인하고 안도할 수 있었다.

미국 스파이에서 마을 주민의 지원군으로

정말 혹독한 신고식이었다. 중국 동북부에는 아주 고약한 술 문화가 있었는데, 그들은 손님이 똑바로 걷기 힘들 때까지 술에 취해야 접대가 제대로 이루어졌다고 여겼다. 도무지 이해할 수 없는 문화였다. 두 번 이상 술자리를 거절하거나 자리에서 술을 마시지 않으면 더 이상 초대받지 못한다고 했다. 하지만 정말로 중요한 이야기들은 공식적인 회의가 아니라 모두 이런 사석에서 이루어졌다.

다행히 나는 외국인이라는 특혜를 입고 술 대신 물을 마실 수 있었다. 무엇보다도 술자리의 흥을 깨뜨리지 않으려던 노력이 큰 몫을 했던 것 같다. "훈춘과 호랑이를 위하여!" 나의 어설픈 중국어 건배사가 분위기를 띄우기에 제법 괜찮았는지, 중요한 손님이 오거나 행사가 있을 때마다 내게도 초대장이 왔다. 그들이 백주 500밀리리터를 들이켤 때, 나도 그만큼의 물을 마셔야 했다. 호랑이 보전 활동을 위해서라면 마다할 수가 없었다.

 술자리가 늘어나면서 내가 만날 수 있는 공무원의 직급도 올라갔고, 나의 사업 아이디어를 설명할 기회도 많아졌다. 어느 저녁 술자리에서 "호랑이와 주민이 함께 사는 훈춘의 미래를 위해 멋진 축제를 열고 싶습니다. 도와주십시오!"라고 건배사를 하면, 며칠 후 갑자기 전화가 와 "그 계획서 있으면 한번 보내보세요" 하는 식이었다.

 훈춘의 공식 통계자료를 열람할 기회까지 얻은 나는 마을 주민들에게서 얻은 정보와 실제 데이터를 비교해 보며, 훈춘이 중요하게 여기는 문제와 향후 계획을 파악할 수 있었다. 이를 통해 내가 진행하던 주민 교육 프로그램을 발전시키기도 했다.

 이런 일들이 반복되다 보니, 그들도 나를 범상치 않은 인물로 여겼던 모양이다. 하루는 훈춘의 당서기가 나를 어떻게 생각하는지를 듣고 웃음을 터뜨리고 말았다.

 "호랑이는 핑계고 아무래도 미국의 스파이 같아. 그런데 하는 행동을 보면 나쁜 스파이는 아닌 것 같단 말이지."

 왜 그들은 한국인인 나를 미국 스파이로 의심했을까? 어쩌면 내가 너무 많은 것을 알고 있었기 때문인지도 모른다. 그들은 내가 훈춘 보호구역 내의 작은 마을 이름을 모두 외우는 것은 물론 주민들이 무엇을 먹고 어떻게 살아가는지 등 내밀한 사정을 모두 꿰뚫는 것을 놀라워했다. 분명한 사실 하나는 내 활동이 마을의 교육 사업에 실질적인 도움이 되었고, 간부급 인사들 역시 호랑이뿐만 아니라 호랑이와 함께 살아가는 사람들의 삶에도 관심을 갖게 되었다는 점이다. 이는 매우 고무적인 변화였다.

하지만 호랑이와의 공존이라는 거대한 목표를 이루기에는 교육만으로 부족했다. 보전생물학에서 말하는 '야생동물과의 갈등'은 매우 광범위한 개념이다. '갈등'이라는 단어 자체가 매우 주관적으로 해석될 수 있는데, 야생동물로 인해 사람의 생명이 위협받거나 가축이 피해를 입는 등 경제적 손실이 발생하는 경우는 물론 야생동물과 직접적인 접촉이 없더라도 그 존재만으로 불안을 느끼는 상황까지 모두 포함된다. 어떤 경우든 동물과 사람 사이의 갈등이 일어나는 원인을 근본적으로 해결하지 못하면 공존은 실패하고 만다.

동물과 공간을 공유해야 하는 사람들의 포용력과 인내심이 한계에 다다랐을 때, 결국 가장 쉬운 해결책은 갈등의 대상을 제거하는 것이다. 게다가 그로 인해 금전적 이익까지 얻을 수 있다면 죄책감이나 거부감은 한층 줄어든다.

나는 교육을 넘어서는 방법을 고민하기 시작했다. 핵심은, 주민들이 호랑이를 해치게 되는 유인을 없애는 것. 다시 말해 '호랑이 친화적인 생계 수단'을 만들어주는 일이었다. 나는 아프리카에서부터 몽골에 이르기까지 다양한 지역의 주민들이 야생동물과 함께 살아가면서 경제적 이익을 창출한 사례들을 연구했다. 특히 성공적인 사례에서는 새로운 대안이 기존의 생계 수단보다 훨씬 큰 수익을 창출함으로써, 사람과 야생동물이 자연스럽게 함께 살아갈 길이 열렸다.

비영리단체 '눈표범기금Snow Leopard Trust'이 몽골에서 추진한 프로젝트가 그중에서도 특히 눈길을 끌었다. 해당 마을의 주민들은 산에서 내려와 양을 잡아먹는 눈표범을 보복 사살하고 있었다. 눈표범기금은 이를 방지하기 위해 마을 여성들이 양털로 모자와 같은 손뜨개 제품을 만들어 팔 수 있도록 '친親눈표범' 브랜드 론칭을 지원했다. 이때에는 눈표범을 해치지 않겠다는 계약서에 서명한 주민들만 프로젝트에 참여할 수 있었다.

눈표범을 보호하겠다는 주민들의 의지가 담긴 상품은 미국 시장에 고가에 납품되며 소위 대박이 났고, 판매 수익은 곧 가족의 연간 소득을 훌쩍 뛰어넘었다. 더불어 수입이 생기면서 마을 여성들의 권리 역시 신장되었다. 프로젝트를 시작할 당시 무리의 맨 뒤에서 조용히 이야기를 듣기만 하던 여성들은 프로젝트의 방향에 점점 더 적극적으로 의견을 제시하는 모습을 보여주었다.

나는 이를 벤치마킹해 훈춘에서는 '친호랑이' 손뜨개 상품 브랜드를 론칭하는 것부터 양봉이나 새로운 목축 방식을 도입하는 것까지 다양한 사업 아이디어를 검토했다. 사업의 비용과 편익을 분석하는 한편 이에 대한 마을 주민들의 의견을 직접 듣고, 필요한 자원을 마련하기 위해 상하이, 하얼빈, 베이징, 훈춘을 오가며 논의를 이어갔다.

    이 무렵 나의 진심이 통했는지 주민들과 정부 관리들이 함께 머리를 맞대고 고민해 주었고 결국 두 가지 프로젝트의 추진이 결정됐다. 하나는 '친호랑이 양봉', 다른 하나는 펜스 안에서 소를 사육하는 프로젝트였다. '친호랑이' 양봉이란 말 그대로 주민들이 호랑이와 공존할 수 있는 방식으로 양봉을 하며 수익을 올리는 사업이었다. 당시 훈춘에서 야생동물 보호에 가장 문제가 되는 것은 올무였다. 호랑이와 표범도 올무에 걸려서 죽는 일이 발생하다 보니 올무 제거가 중요한 연례행사가 되었고 2002년 이후에만 1만 개가 넘는 올무를 수거했다. 그래서 주민들이 올무가 없도록 산을 관리하는 대가로 양봉을 하는 데 필요한 자원과 기술을 제공했고, 그렇게 생산된 꿀에 친호랑이 마크를 새겨 고가에 팔 수 있도록 한 것이다. 펜스 사육 프로젝트 역시 올무 제거에 협조하는 대가로 소를 키우는 펜스를 지원하려는 구상이었다.

    당시 나는 마을에 갈 때마다 전 이장님 댁에서 머물렀다. 부인은 마을 부녀회장을 맡고 있었는데 이느 날 그가 내 두 손을 꼭 잡고 말했다.

"네가 아무 연고도 없는 우리를 위해 얼마나 애쓰는지 알고 있어. 사업이 성공할지는 모르겠지만 그래도 너의 진심만큼은 모두가 알고 있고, 너를 믿고 있어. 최선을 다해 도울 테니 너무 걱정하지 말고 용기 내서 해봐."

아직 아무것도 이룬 것은 없었지만, 모든 걸 이룬 듯 마음이 그득하게 차올랐다.

불덩이를 가로막은 위기

WCS 중국 지부에서는 연례회의가 열린다. 2008년 초 베이징에서 열린 회의에는 WCS 본부의 부회장이 방문해 직원들과 개별 면담을 진행했다. 그 자리에서 그는 중국 지부 내 유일한 외국인이었던 나에게 유독 관심을 보였다. 중국어도 하지 못하는 내가 어떻게 주민들과 정부 관계자들을 상대로 보전 활동을 펼치는지 궁금해했고, 앞으로의 계획도 물어왔다. 나는 마을 사람들이 호랑이를 불편하지만 공존할 수 있는 존재로 받아들이고, 나아가 그들 스스로 보전에 참여하는 환경을 만들고 싶다고 담담히 이야기했다. 내 이야기를 들은 그는 "잘하고 있으니 앞으로도 힘내"라며 따뜻한 격려를 건넸다.

　나중에 알고 보니 그는 남의 작은 실수에도 크게 화를 내는 '다혈질'로 악명 높은 사람이었다. 당시 나는 현장 활동뿐만 아니라 WCS 소식지를 분기마다 이메일로 발송하는 업무도 맡고 있었는데, 한번은 서버 오류로 인해 같은 이메일이 20번 넘게 반복 발송됐다. 평소 같았으면 부회장이 전화로 크게 호통을 쳤을 일이었지만, 어쩐 일인지 이번만큼은 조용히 넘어갔다. 동료들 모두 의아하다는 반응이었다.

　몇 달 뒤 WCS 본사 연구자들이 현장에 내려와 통성명을 하던 중 우연히 그 이유를 알게 되었다.

　"네가 그 '불덩이Fireball'라고? 상상했던 것보다 너무 얌전한데?"

　알고 보니 부회장이 뉴욕으로 돌아간 뒤 중국 지부에 엄청난 추진력을 가진 불덩이 같은 사람이 있다며 혀를 내둘렀다는 것이다. 그 불덩이는 기세를 몰아 호랑이 신문까지 발간하며 친호랑이 사업과 교육에 박차를 가했다.

　하루하루 새로운 일을 벌이며 바쁘게 지내는 사이, 정작 WCS 내부에 어둠이 드리우고 있다는 것은 알아채지 못했다. 아니, 어렴풋이 눈치는 채고 있었지만 '내 일만 열심히 하면 되지' 생각하며 안일하게 굴었다. WCS 중국 지부 내에 알력다툼이 생긴 것이다. 그 결과 함께 일하던 빙 팀장이 WCS를 떠나게 되었고 호랑이 보호팀에는 각종 제재가 가해졌다. 팀원들도 하나둘씩 자리를 떠났다.

먼저 떠난 팀원들이 우려했던 대로, 결국 내게도 불똥이 튀었다. 하루는 내가 내부 자료를 한국 언론에 유출했다며 책임을 묻겠다는 이메일을 받았다. 사실관계를 따져보니, 훈춘 보호구역 내 카메라 트랩에 호랑이가 소를 사냥하는 모습이 촬영됐는데, 새로 부임한 팀장이 이를 연변 언론에 넘겨 보도가 나간 것이 발단이었다. 이후 한국 언론이 해당 기사를 참조해 보도했는데, 출처가 명확히 표기되어 있었음에도 나는 개인적 명성을 위해 내부 정보를 유출한 사람으로 몰렸다. 이처럼 터무니없는 사건을 해명해야 하는 일이 점점 많아졌다.

1년 넘게 계속되는 핍박 속에서도 내가 왜 이곳에 있어야 하는지를 설명하기 위해 할 수 있는 모든 일을 다 했다. 윗선에서는 내가 알아서 나가주기를 원하는 눈치였지만 애써 모르는 척하며 조금만 더 있게 해달라고 애원했다. 간절하다 못해 처절할 정도였다.

하지만 주민들과 정부 관계자를 만나는 일은 점점 더 어려워졌다. 모든 대외적인 의사소통이 새로운 팀장에게 이관되자 훈춘 정부에서는 불만이 터져 나왔다. 정부는 나를 위해 직접 나서주겠다고 말할 만큼 진심 어린 응원을 보내주었다. 데일 박사를 비롯한 본사 직원들의 지지까지 얻은 덕분에 끝까지 버틸 수 있었지만, 결국 계약 만료라는 명목 아래 중국에서의 활동을 마칠 수밖에 없었다. 당시 내가 추진하던 프로젝트까지만 마무리하겠다는 요청도 받아들여지지 않았다. 나의 첫 호랑이 보전 활동이 이제 막 결실을 맺으려던 참이었기에 포기가 더 쉽지 않았다.

이 일을 통해 나는 처음으로, 아무리 온 마음과 노력을 다해도 뜻대로 되지 않는 일이 있다는 걸 깨달았다. 그리고 내가 하는 행동이 항상 내 의도대로 받아들여지는 것은 아니라는 사실도 알게 되었다. 그것이 사회였다.

그러면서도 이 경험을 통해 나는 내가 이 일을 얼마나 사랑하는지를 다시 확인할 수 있었다. 쫓겨났다는 사실은 전혀 부끄럽지 않았다. 하지만 더 이상 호랑이 보전 활동을 할 수 없다는 사실은 자다가도 악몽으로 깰 정도로 나를 괴롭게 했다.

2년 뒤, 러시아에서 열린 표범 보전 학회에서 나를 쫓아내려 했던 지부장을 다시 만났다. 나는 더 이상 훈춘 프로그램 소속은 아니었지만, 호랑이와 표범 보전에 참여하고 있었고 여전히 WCS 소속 연구원을 비롯한 큰고양이과 전문가들과 긴밀히 소통하고 있었다. 반면 그는 대화에 초대되지 못한 채 학회 주변을 맴돌고 있었다. 마치 내가 어떤 상황에서도 이 일을 계속해 나갈 사람이라는 걸 그에게 당당히 보여준 것 같았다. 그것만으로도 꽤 통쾌한 복수를 해낸 셈이었다.

스물한 번 만에
받아들인
프러포즈

현지에서 보전 활동을 하는 과학자들에게는 저마다의 무용담이 있다. 내게는 청혼 거절이 그중 하나다. 외국인 여성에 대한 관심은 어느 나라에서나 과도했다. 16개국을 넘나들며 활동하는 동안, 수없이 많은 청혼을 받았다. 처음에는 당황한 탓에 화도 내지 못하고 웃지도 못한 채 그저 황급히 고개를 저으며 거절하기에 바빴다. 인도네시아에 이어 벨리즈에서도 어부들의 청혼이 이어졌다. 한 남자는 능청스럽게 내 눈을 똑바로 보며 말했다.

"내 두 번째 부인이 될래요?"

인도네시아에서 비슷한 상황을 몇 번 겪은 터라 이번에는 비교적 침착하게 받아칠 수 있었다.

"첫 번째 부인에게 허락받고 다시 오면 생각해 볼게요."

억지웃음을 짓느라 안면 근육이 마비될 지경이었지만, 효과는 있었다. 첫 번째 부인이 제법 무서운 사람이었는지 그는 그 뒤로 다시는 결혼 이야기를 꺼내지 않았다. 반면 나름의 묘안으로 생각해 낸 "한국에 남자친구가 있다"라는 이야기는 효과가 거의 없었다. 그들은 "여기엔 없는 거잖아"라며 상상을 초월하는 뻔뻔함을 보여주었다. 벨리즈의 자유로운 연애 문화를 미처 알지 못했던 나의 실수였다. 예방이야말로 최선의 전략이지 않은가. 그 후로는 아예 가상의 남편을 만들어 반지까지 끼고 다녔다.

웃지 못할 현실

첫 연구 활동지였던 인도네시아에 도착했을 때에는 이런 상황을 전혀 예상하지 못했다. 난생처음 동아시아 여성을 본다는 호기심에 이웃 마을 사람들까지 몰려들었기에 주민들과의 인터뷰 자리는 늘 북적였다. 어느 날, 한 남자가 인파를 가르며 다가와 거침없는 어조로 무어라 말을 하기 시작했다. 말

뜻을 이해하지 못해 당황한 나와 달리, 옆에 있던 통역가는 웃음을 터뜨렸다.

"저 사람이 결혼하자고 하네요. 땅을 엄청 많이 갖고 있대요. 게다가 이 마을에는 2층짜리 집을, 다른 지역에 있는 마을에는 3층짜리 집을 가지고 있대요."

히죽 웃으며 나를 바라보는 남자에게 아무 대답도 하지 못한 채 얼어붙었다. 이후에도 몇 헥타르의 땅과 재산을 자랑하며 청혼하는 남자들이 줄을 이었다. 너무 단호하게 거절하면 해코지를 당하거나 인터뷰에 지장이 생길까 봐, 손사래를 치면서도 최대한 웃어야 했다.

심지어 나에게 청혼한 남자들은 모두 기혼자였다. 일부다처제 국가인 인도네시아에서는 남편이 아내를 네 명까지 둘 수 있다고 했다. 이런 문화를 모르지는 않았지만, 직접 겪는 건 차원이 다른 일이었다. 최대한 침착하게 대응하려 했지만, 하루가 멀다 하고 새로운 남자들에게 청혼을 받는 현실을 아무렇지 않게 넘기기엔 나는 고작 스물세 살이었다.

인도네시아나 벨리즈에서 겪은 일이 황당한 해프닝이었다면, 중국에서의 경험은 불쾌한 기억으로 남아 있다. 당시 중국에서는 '트로피 와이프'가 유행이었다고 하는데, 어떤 이들은 자신이 외국인 여성과 함께 다닌다는 사실을 과시하기 위해 행사장이나 술자리에 일부러 나를 데려가는 듯했다. 특히 접대 문화가 발달한 중국에서는 크고 작은 술자리가 끊이지 않았다. 그들의 협조 없이는 프로젝트의 원활한 진행이 불가능했기에 섣불리 거절할 수 없었다.

때로는 그들의 의도를 역이용하기도 했다. 그들이 나를 데려가고자 했던 자리에는 고위직 인사가 참석하는 경우가 많았다. 나와 비슷한 시기에 WCS에 들어온 다른 중국 직원들은 당서기의 얼굴 한번 보지 못했지만, 나는 그런 자리를 통해 상대적으로 쉽게 고위직 인사들과 접촉할 수 있었고, 그들과 호랑이 보전 프로젝트에 관해 의견을 나눌 기회도 얻었다. 젊은 외국인 여성으로서 얻은 특혜였다. 당연히 마음이 편치만은 않았다. 지금도 그때의 기억을 떠올리면 마음 한편이 시끄러워진다.

중국 다음으로 방문한 라오스에서는 더 노골적인 상황도 벌어졌다. 개발도상국에서는 버스에 정원을 초과하는 인원이 탑승하는 일이 흔했다. 두 명이 앉을 자리에 서너 명이 끼어 앉는 건 예사였고, 짧은 소매 차림의 승객들과 몸이 닿는 불편함을 감수해야 했다. 어느 날 버스를 탔을 때, 몇몇 남자아이들이 내 허리를 만지려 하거나 일부러 팔을 내 몸에 대려 했다. 몸을 피하려고 어색한 자세를 취하다 보니 허리가 끊어질 것 같았다. 성추행에 화가 머리끝까지 났지만 아무리 경고해도 그들은 아랑곳하지 않았다. 소리를 지른다 해도 버스가 멈출 리 없었다. 단 한 순간도 편히 쉴 수 없는 악몽 같은 일곱 시간의 이동이었다.

마음을 열 수 있을까

사람 때문에 힘든 순간이 많았지만 끝내 나를 버티게 한 것 또한 사람이었다. 연구를 위해 낯선 땅을 밟을 때마다 가장 큰 과제는 언제나 '사람'이었다. 언어도 문화도 다른 이들을 이해하고 설득하기 위한 시도는 매번 새로운 도전이자 즐거움이었다. 말을 알아듣지 못하면 몸짓을 동원했고, 짧은 현지어라도 배우면 최대한 활용했다. 이는 나만의 필승전략이었다.

신기하게도, 언어가 달라도 마음이 통하는 순간은 찾아온다. 엉성한 발음으로라도 말을 걸면 사람들은 재미있어하며 웃었고, 그러는 동안 서로에게 서서히 마음을 열었다. 처음에는 나를 낯설어하던 사람들도 어느새 다가와 말을 걸었다. 그들도 멀리까지 찾아온 내게 묻고 싶은 것이 많았던 것이다.

하지만 관심을 얻는 것만으로는 충분하지 않았다. 그들의 마음을 열고 내밀한 이야기를 듣기 위해서는 나부터 그들에게 마음을 내어주어야 했다. 어떻게 하면 단기간의 연구 활동 기간에 현지인들에게 실질적인 도움이 될 수 있을까. 늘 고민하던 끝에 내가 가진 작은 것이라도 나누기로 했다. 인도네시아 르곤파기스 마을에서 활동할 때, 한국에서 가져간 구급약품을 모두 마을에 두고 왔다. 그중에서도 모기 물린 데 바르는 상처 치료제는 마을 사람들에게 특히 크게 환영받았다.

인도네시아 모기는 유독 외국인을 좋아한다더니, 그곳에 체류하는 내내 온갖 벌레의 표적이 되었다. 어느 날 상처에 약을 바르는 내 모습을 지켜보던 한 마을 주민이 웃으며 다가와 팔을 내밀었다. 현지인들은 모기에 잘 물리지 않는 줄 알았는데 모기 물린 자국이 빼곡했다. 내가 쓰던 약을 발라주었더니, 시원하게 가려움이 가라앉았는지 엄지를 치켜들었다. 한번은 통역사의 남편이 이동 중 넘어져서 피가 났는데 병원에 가지 않겠다고 고집을 부렸다. 하릴없이 구급약품으로 응급처치를 해주었는데 다음 날부터 새살이 돋기 시작했다. 이런 일들이 소문이 나자 내가 방문하는 집마다 약을 발라달라는 사람들로 북적였다. 덕분에 자연스럽게 주민들과 친해질 수 있었고, 그들의 삶에 대한 소중한 정보도 들을 수 있었다.

마음을 나누는 방법은 또 있었다. 바로 교육이었다. 가난한 나라에서도 대학교에 가서 열심히 공부하려는 학생들이 있었고, 시골 마을에서도 부모들은 자녀 교육에 대한 열망이 컸다. 중국에서 아이들을 위한 영어 교실을 열었던 건 그 때문이었다. 같은 생각으로 라오스에서는 보조 연구원으로 라오스국립대학교의 학생들을 고용했다. 라오스에는 대학교가 매우 적었고, 대학생들이 영어를 배울 기회는 더욱 부족했다. 연구 참여 수당으로 지급하는 급여 외에 내가 학생들에게 해줄 수 있는 것이 있다면, 영어로 소통하며 그들의 역량을 키워주는 것이었다. 다른 나라에 가서 연구를 할 때는 그 나라의 기초적인 말을 할 수 있어야 한다는 게 나의 지론이지만, 이번엔 참기로 했다. 내가 그들의 언어를 배우는 것보다 그들의 영어 실력을 향상시키는 데 집중했다. 연구가 마무리될 즈음, 그들의 영어 회화는 놀랄 만큼 자연스러워졌다. 그 모습에 나 역시 뿌듯함을 감출 수 없었다.

중국 활동 당시 만난 특별한 인연도 있다. 그는 연변대학교의 조선족 학생으로, 나의 설문조사에 자원봉사자로 참여했다. 그는 한국어를 전혀 하지 못했지만, 연구 활동을 함께하며 큰 동기를 얻었다고 했다. 시간이 흘러, 그는 한국 유학을 결심했고 결국 서울대학교에서 박사과정을 마쳤다. 지금은 연변대학교에서 교수이자 보전생물학자로 활동 중이다. 그가 특별히 잘해준 것도 없는 나에게 "당신이 나의 멘토"라고 말해준 것은 보전 활동에 대한 나의 진심이 그에게도 전해졌기 때문 아닐까 싶다.

내가 받은 마지막 청혼

서른세 살의 크리스마스 날, 지긋지긋하게 받았던 청혼을 또 한번 받았다. 이번 상대는 나무로 만든 커플링까지 내밀며 결혼하자는 게 아닌가. 그런데 이 남자의 청혼만큼은 거절할 수 없었다. 눈 깜짝할 새에 날아가 버리는 새의 이름과 산에서 발견되는 배설물의 주인을 단번에 맞히는 이 남자. 이런 사람의 청혼은 받아들일 수밖에 없었다. 바로 지금의 남편이다.

남편과의 첫 만남은 한 업무 협약 체결장에서였다. 행사 진행 과정에서 나를 배려해 준 게 고마워 이런저런 이야기를 나누다가 연락처를 주고받았는데, 며칠 후 그에게서 엉뚱한 문자가 왔다. "여기 삵이 몇 마리 있는 것 같아요?"라는 질문과 함께 여섯 장의 삵 사진이 첨부돼 있었다. 처음엔 황당하기도 하고 어리둥절해 답장을 미루다가, 문득 호기심이 일어 사진을 하나하나 들여다보며 수를 세어보았다. 그러고는 "제 생각엔 두 마리요"라고 답장을 보냈다. 그러자 그도 아무렇지도 않게 "저도 그렇게 생각합니다"라고 답해왔다. 삵은 얼굴의 무늬로 개체를 구분할 수 있는데, 남편은 자신이 헤아린 삵의 개체수가 정확한지 확인해 보고 싶었던 것이다. 그날의 '삵 플러팅' 이후 우리의 만남은 시작되었다.

데이트 장소도 특별했다. 남편이 석사 시절 연구했던 산양 서식지, 박사과정 동안 발로 뛴 삶의 터전을 함께 거닐며 시간을 보냈다. 그와 함께한 삶 데이트 덕분에 나는 박사논문이라는 무거운 과제를 무사히 마칠 수 있었다.

이제는 보전 활동을 나갈 때면, 청혼 당시 받은 나무 반지를 낀 손을 들어 보이며 말할 수 있다.

"저, 진짜 남편 있습니다."

Project 4
라오스

라오스에서
호랑이의
흔적을 쫓다

　　중국에서 활동하는 동안 나에게는 또 하나의 목표가 생겼다. 박사과정을 통해 학문적 토대를 더 단단히 다질 필요성을 느낀 것이다. 석사과정에서 배운 지식만으로는 현장에서 설문조사를 통해 수집한 데이터를 단순하게 분석하는 데 그칠 수밖에 없었다. 처음에는 그것만으로도 충분하다고 생각했지만, 논문을 읽다 보니 전혀 다른 세계가 펼쳐져 있었다. 접근 방식에 따라 같은 데이터에서도 전혀 다른 통찰을 얻을 수 있었다. 상황에 정확히 맞는 접근과 분석을 할 수 있으려면 더 깊은 이해와 훈련이 필요했다. 그런 능력은 단순히 현장에서 경험으로 익힐 수 있는 게 아니라, 학문적인 이론과 실습을 통해 차근차근 다져야 한다는 생각이 들었다.

원래는 WCS에서 쌓은 경험과 네트워크를 십분 활용해, 이 지역의 인간과 호랑이의 갈등을 주제로 박사과정 연구를 진행할 생각이었지만, 모든 것이 무산된 상황이었다. 막막하던 내 앞에 나타난 사람이 다름 아닌 알린 박사였다. WCS 라오스 지부에서 활동하던 그는 마침 내가 박사과정을 시작하려던 위스콘신주립대학교로 자리를 옮기게 되었다. 동시에 그가 담당하던 라오스 남엣푸루이 보호구역에서는 인간과 호랑이의 갈등이 중요한 문제로 떠오르고 있었다. 이 지역의 문제를 박사과정 연구 주제로 삼아보라는 그의 제안은, 이렇게 딱 들어맞을 수 있을까 싶을 정도로 절묘한 타이밍에 자연스럽게 이루어졌다. 그는 라오스 현지에서 곧 열릴 예정이던 호랑이와 인간의 갈등 대응 워크숍도 도와달라고 했다. 호랑이 연구를 이어갈 수만 있다면 망설일 이유가 없었다. 그렇게 나는 훈춘에서의 상처를 털어내고 라오스로 향했다.

호랑이 불법 사냥꾼으로 지목받은 고산 부족 사람들

2010년경 남엣푸루이에는 약 20마리의 호랑이가 서식하고 있었고 이들 때문에 소를 비롯한 다른 가축 피해가 발생했다. 마을 주민들은 이에 대한 보복 혹은 경제적 이득을 목적으로 호랑이를 포획하고 있었다.

그들이 호랑이를 사냥하는 방식은 치밀하고도 독특했다. 호랑이는 큰 먹잇감을 사냥하면 며칠에 걸쳐 나눠 먹는 습성이 있는데, 바로 그 점을 노렸다. 호랑이의 공격으로 죽은 소 안에 '감자 폭탄'이라 불리는 장치를 숨겨두고, 호랑이가 다시 먹이를 찾아 돌아오는 순간을 기다린 것이다. 감자 폭탄은 감자 등에 비료나 화약 같은 폭발물을 넣어 급조한 폭탄을 말한다.

이렇게 포획된 호랑이는 마리당 약 1만 달러 정도에 베트남으로 팔려나갔다. 당시 라오스의 1인당 국민소득은 1000달러를 웃도는 수준이었고, 남엣푸루이 주민들의 연 소득은 고작 300달러에 불과했다. 호랑이 한 마리로 30년 치 수입을 한꺼번에 얻을 수 있었던 셈이다. 과연 이곳에서 호랑이가 살아남을 수 있을지, 눈앞이 아득하게 느껴지는 현실이었다.

남엣푸루이는 훈춘보다도 상황이 더 열악했다. 호랑이 개체수는 비슷했고, 호랑이에 의한 가축 피해는 오히려 적었지만, 고려해야 할 사회문화적인 요인이 복잡했다. 라오스는 다민족 국가로, 지역마다 생활 방식도 제각각이었다. 특히 라오 쑹Lao Sung이라 불리는 고산 부족은 베트남 전쟁 당시 미국을 도왔다는 이유로 전쟁 후 심각한 박해를 받았고, 결국 깊은 산악지대로 숨어들어 매우 빈곤한 환경에서 살아야 했다. 그런데 하필 그곳이 호랑이의 주요 서식지였기 때문에 문제가 불거졌다. 뛰어난 사냥 실력까지 갖추었던 이들이 자연스럽게 호랑이 밀렵의 주범으로 지목된 것이다. 혹시 이들이 엉뚱한 오해를 받고 있는 건 아닌지, 진실을 확인해야 했다.

내 박사과정의 핵심 미션은 이 지역 주민들과 호랑이, 그리고 관련 보호단체 및 지방정부 간의 갈등을 파악하고, 그 해결 방안을 모색하는 일이었다. 라오스 정부 역시 주민들과의 갈등을 중요한 과제로 인식하고 있었고 이를 체계적으로 해결할 전문가가 필요했기에 나의 연구 주제와 현장의 요구가 완벽하게 맞아떨어졌다.

2010년 5월에 열린 갈등 대응 워크숍은 이러한 현황을 미리 살필 기회였다. 수도인 비엔티안에서 남엣푸루이 보호구역 사무소까지 이동하는 길은 인도네시아에서의 여정을 떠올리게 했다. 500킬로미터가 넘는 거리를 차량으로 열두 시간 넘게 달려가야 했으니 결코 쉽지 않은 여정이었다.

보호구역 사무소가 위치한 마을은 불법 거주지가 아니었음에도 전기가 하루에 두 시간밖에 들어오지 않았다. 소규모 수력발전에 의존하고 있었기에 특히 건기에는 전력 생산량이 턱없이 부족했다. 그러나 역설적으로 내가 가장 힘들었던 날은 전기가 처음 들어온 날이었다. 원효대사가 진날 달게 마신

연구를 위해 묵었던 마을은 산 중턱에 위치해 있었기 때문에 접근조차 쉽지 않았다. 바나나잎과 대나무를 활용한 집은 3일이면 완공할 수 있다.

물이 해골에 고인 물임을 깨달았던 것처럼, 나 역시 빛이 들어온 공간에서 불편한 민낯을 마주하게 된 것이다.

샤워하던 물은 어딘지 모르게 탁한 초록색을 띠었는데, 알고 보니 인근 냇가에서 끌어온 물이었다. 문제는 그 냇가가 버펄로들의 쉼터라는 사실이었다. 그 사실을 알고 난 직후에는 다시는 그 물로 샤워를 할 수 없을 것 같았다. 하지만 며칠이 지나자, 어느새 나도 라오스 주민들처럼 아무렇지 않게 그 물에서 씻고 있는 자신을 발견하게 되었다.

라오스에서도 통한 필살기

더없이 열악한 환경에서도 워크숍은 진행되었다. 주제는 호랑이로 인한 가축 피해 신고가 접수되었을 때 현장을 조사하고 판별하는 방법이었다. WCS 러시아에서 온 존John Goodrich 박사는 호랑이가 직접 사냥한 경우와 이미 죽어 있던 사체를 먹은 경우의 차이를 설명했다. 그에 따르면, 호랑이가 직접 사냥했다면 이빨 자국을 따라 혈흔이 남지만, 이미 죽어 있던 사체를 먹었을 때는 피가 흐른 흔적 없이 살을 뜯은 자국만 남는다고 했다.

그 설명을 듣자 문득 중국에서 데일 박사와 함께 산을 오르며 호랑이의 흔적을 추적하던 순간이 떠올랐다. 그때 데일 박사는 내게 중요한 당부를 남겼다.

"10년 넘게 연구한 전문가들도 발자국만 보고는 호랑이인지 확신할 수 없어. 종을 판별할 때는 단일 흔적에만 의존해서는 안 되고 다양한 근거를 모아 조사해야 해."

호랑이의 발자국은 지름이 10센티미터가 넘는 둥근 발바닥 위에 발가락 네 개가 찍혀 있어야 한다. 발톱 자국이 있으면 호랑이가 아닐 가능성이 높다. 평소 호랑이는 발톱을 숨기고 다니기 때문이다. 단, 얼음 위에는 발톱 자국이 남을 수 도 있다. 또 발자국이 희미한 경우 곰의 발자국과 혼동되기도 하므로, 반드시 발자국 외에도 호랑이가 누워 쉰 자리, 나무에 남긴 스크래치, 분변 등 여러 단서를 함께 확인해야 한다.

워크숍 후 이어진 토론에서는 피해 지역 조사의 근본적인 문제점이 드러났다. 이 지역은 교통과 통신 환경이 모두 열악해 피해 신고는 물론, 신고 접수 이후 조사 장소까지 도착하는 데에도 상당한 시간이 소요되었다. 평균적으로 피해 발생일로부터 한 달 가까이 지나서야 조사가 시작되었는데, 보통 1~2주만 지나도 사체는 이미 뼈만 남기 마련이다. 흔적이 대부분 사라진 시점에서 제대로 된 조사가 이루어질 리 만무했다. 특히 우기에는 현장에 접근조차 하기 어려워 조사가 두 달 이상 지연되기도 했다. 열악한 현실의 무게가 다시금 마음을 짓눌렀다. 워크숍을 마친 후에는 교육팀과 함께 주민 교육 활동에 나섰다. 우리는 호랑이 무늬로 장식된 트럭을 타고 마을을 돌며, 보호구역에서 지켜야 할 규칙을 설명했다. 주민들의 관심을 끌기 위해 호랑이 탈을 쓴 채 춤을 추고 노래를 부르는 팀원들의 모습을 보자, 나 역시 아직도 배울 게 많다는 생각이 들었다. 외국인인 나를 향한 마을 사람들의 반응은 예상대로 뜨거웠고, 그때마다 나는 얼굴에 감각이 없어질 정도로 웃음을 지었다.

그런 내가 마음에 들었는지 마을 아이들은 온종일 내 뒤를 따라다녔다. 반면 함께 간 라오스팀 부국장인 미국인은 마을을 몇 번이나 방문했음에도 귀신 보듯 피했다. 베트남 전쟁의 여파인지, 아니면 이질적인 생김새 때문인지 아이들은 서양 남성을 유독 무서워했다. 부국장은 나에게 질투 어린 시선을 보내곤 했고, 나는 응원의 뜻으로 그의 어깨를 가볍게 두드려주었다.

행복한 루저

워크숍을 마무리하면서 라오스에서의 1차 연구는 일단락되었다. 본격적인 연구 활동은 박사과정 수업을 마친 뒤에 다시 이어갈 계획이었다. 나는 위스콘신대주립학교의 넬슨환경연구소의 '환경과 자원'이라는 박사과정에 입학했다. 이 학교를 선택한 가장 큰 이유는 다학제적인 학습이 가능했기 때문이다. 전공 수업 위주로 들어야 하는 보통의 박사과정과 달리, 이곳은 원하면 다른 전공의 과목도 자유롭게 들을 수 있는 유연한 시스템을 제공했다. 그래서 나는 지리학과에서 지리정보시스템을, 사회학과에서 환경사회학을, 교육학과에서 설문 분석법을 배울 수 있었다. 다양한 전공의 사람들과 교류하며 익힌 새로운 연구 방법들은 이후 연구에 유용하게 쓰였다.

배움의 기쁨은 컸지만, 현실의 벽은 만만치 않았다. 가장 큰 걸림돌은 학비였다. 첫 학기는 그동안 모아놓은 돈으로 어떻게든 버텼지만, 그다음부터는 장학금을 받거나 조교 자리를 구해 직접 학비를 해결해야 했다. 학교 게시판의 구인란을 매일같이 들여다보며 수십 개의 지원서를 넣었고, 탈락의 고배를 연거푸 마셨다. 지원 이력이 50개를 넘어서던 어느 날, 마침내 동물학과에서 기초 동물학 실험 두 개 반의 조교를 맡아달라는 연락을 받았다. 누군가에게는 대단하지 않은 조교 자리였을지 몰라도 나로서는 더없이 반가운 일이었다. 조교를 맡으면 학비가 면제되고 생활비로 쓸 월급도 나왔기 때문에 비로소 기본적인 생활이 가능해졌다.

동물학 전공은 아니었지만, 실험 내용은 생물학과에서

익힌 것들과 크게 다르지 않아 금세 익숙해졌다. 무엇보다 수업에 진심을 다했다. 학생들의 질문에 하나하나 성실히 답하고 학업 상담에도 적극적으로 응했다.

한번은 이런 일이 있었다. 학기 중 진행한 면담 시간에 한 학생에게 "요즘 괜찮냐"고 가볍게 질문을 던졌다. 그런데 그가 갑자기 눈물을 펑펑 쏟기 시작했다. 최상위권의 성적을 받으며 의대 진학을 준비하던 학생이었다. 평소 얼마나 많은 스트레스를 쌓아두고 있던 건지, 괜찮냐는 한마디가 마음의 둑을 무너뜨린 모양이었다. 심지어 평소 수업에서 질문에 성실히 답하던 모습을 떠올라 "너무 잘하고 있다"라며 격려의 말을 건넨 일에 대해서는 상상조차 못 한 장문의 감사 편지까지 받았다. 이때 조교 평가를 잘 받은 덕분에 이후 다양한 과목에서 조교로 활동할 수 있었다.

그중에서도 '보전계획Conservation Planning'이라는 신규 석사 과목의 조교 경험은 남다른 기억으로 남아 있다. 이 과목은 WCS 라오스 지부장을 지냈고 나의 박사학위 위원이기도 했던 알린 박사가 진행하는 수업이었다. 이 수업은 '공개 표준Open Standard'이라 불리는 보전계획 절차를 실제 보전 프로젝트에 적용해 보는 실습 중심으로 운영되어 이론과 현장의 접점을 찾을 수 있도록 했다.

공개 표준이 특히 중요하게 다뤄지는 데에는 이유가 있

었다. 지난 50여 년간 전 세계적으로 종과 생태계를 보전하기 위해 천문학적인 자금이 투입되었지만, 그 결과에 대한 평가가 제대로 이루어지지 않았기 때문이다. 실패한 사례조차 제대로 기록되지 않았기에 같은 실수를 반복하는 일이 끊이지 않았다. 이런 문제를 해결하기 위해 생태학과 보전생물학계에서는 PDCA(Plan-Do-Check-Act) 방식에 기반해 보전 프로젝트를 체계적으로 계획·관리·평가하고, 성공과 실패의 경험을 공유하자는 공감대가 형성되었다.

보전계획 과목의 조교로 일하던 나는 국제두루미재단이 주관하는 보전계획 수립 워크숍에 진행자로 초청받는 뜻깊은 기회를 얻었다. 우리에게 잘 알려진 디즈니재단은 멸종위기에서 자유롭지 못한 두루미를 보전하기 위해 매년 막대한 기부를 해왔고, 그 조건으로 공개 표준의 적용을 요구하고 있었다. 워크숍에서는 몽골, 중국, 러시아, 미국의 관계자들이 참석해 각국의 두루미 보전계획을 비교하고 토론하는 자리가 마련되었다.

두루미는 여느 동물과 마찬가지로 국경에 구애받지 않고 자유롭게 이동하지만, 그들이 지나는 국가는 위협 요인과 대응 방식이 제각각이었다. 각국의 전문가들이 서로 다른 관점을 공유하고 조율하며 하나의 방향을 모색하는 과정은 새롭고 도전적인 경험이었다. 이 경험을 통해 나는 공개 표준 방식이 단일 국가의 프로젝트를 넘어 국제 협력의 토대가 될 수 있음을 실감했고, 언젠가는 우리나라의 보전계획에도 적용해보고 싶다고 생각했다.

이 시기 나는 손오공의 분신술을 빌려야 할 정도로 정신없이 바쁜 나날을 보냈지만, 그만큼 보람도 컸다.

"또 숙제하고 있니? 넌 정말 루저야!"

나는 숙제와 수업 준비로 친구들의 초대를 매번 거절해야 했다. 하지만 기분이 나쁘지만은 않았다. 학비 걱정 없이 공부할 수 있다는 것, 매일 새롭게 배운다는 것, 고민을 함께 나눌 동료들이 있다는 사실만으로도 충분히 즐겁고 감사했다.

현실과
보전이라는
이상 사이

박사과정 동안 나는 숨 돌릴 틈 없이 바쁜 나날을 보냈다. 학비 문제를 해결했으나 그 다음 과제로는 연구비를 확보하는 일이 있었다. 적게는 1000달러부터 많게는 1만 5000천 달러까지, 크고 작은 규모의 연구 자금을 목표로 제안서를 작성해 온갖 재단의 문을 두드렸다. 하지만 돌아오는 결과는 대부분 거절이었다.

어떤 재단은 제안서 제출과 함께 발표까지 요구했기에 의도치 않게 발표 실력은 늘었지만, 동시에 이메일함에는 'I am sorry'로 시작하는 회신만 차곡차곡 쌓여갔다. 수없이 반복되는 거절에도 좀처럼 익숙해지는 법이 없었다. 처음 몇 번은 '무엇을 보완하면 될까?' 하며 오히려 의욕적으로 나섰지만, 다섯 번째쯤 되자 '내가 뭘 잘못했지?' 하는 자책이 시작됐고, 열 번을 넘기고 나서는 내가 이 연구를 계속할 자격이 있는지조차 의심하게 됐다. 게다가 많은 경우에 '미국인이 아니라서' 'EU 소속이 아니라서' 'OECD 소속국의 학생이라서'와 같은 이유로 지원 자격조차 주어지지 않았다. 한국이 OECD에 가입한 사실이 원망스러워질 지경이었다.

자신감이 바닥을 치고, 그 바닥 아래에 또 다른 지하실이 있음을 깨닫기 직전이었다. 큰고양이과 동물 연구를 지원하는 비영리단체인 판테라Panthera의 '카플란 우수대학원생상Kaplan Graduate Award'을 비롯해 몇 개의 연구 장학금을 거머쥐었다.

박사과정이란 대개 교수의 연구 프로젝트에 참여해 일정한 자금을 지원받으며 학위 연구를 수행하는 과정이다. 하지만 자신이 진심으로 알고 싶은 주제를 연구하기 고집한다면 그때부터는 쏠쏠하고, 때로는 눈물겹기까지 한 연구비 확보의 여정이 시작된다. 그러니 내 이름이 연구 책임자로 올라간 문서를 마주했을 때의 감동은 '기쁨'이나 '안도' 같은 말로는 다 담아내기 힘든 것이었다.

자금을 구했으니 이제 다시 라오스로 떠날 채비를 했다. 그곳에서 호랑이와 사람들이 어떤 이야기를 만들고 있는지,

피해는 얼마나 심각한지, 정말로 가축을 미끼 삼아 포획이 이루어지고 있는 건지 직접 확인할 때가 된 것이다.

다시 찾은 라오스에서 본격적인 연구를 시작하다

2012년 5월, 다시 찾은 라오스는 불과 2년여 사이에 확연히 달라져 있었다. 통신 환경이 개선되어 핸드폰을 사용할 수 있는 지역이 많아졌다. 첫 방문도 아니니, 여러모로 더 수월한 현장 조사가 될 거라 기대했다. 하지만 현장은 언제나 예상을 비껴갔다.

사진 자료를 활용한 설문지를 준비해 갔지만, 마을 주민들은 사진 속 동물을 잘 인식하지 못했다. 그때까지도 사진을 본 경험이 많이 없었기 때문에 원근감에 따른 구분이 어려웠던 게 아닌지 추측만 해볼 뿐이었다. 처음엔 어안이 벙벙했지만, 곧 대학생 동행자들에게 부탁해 사진을 전부 손 그림으로 바꾸었다. 낯선 상황에 당황할 틈도 없이 몸이 먼저 움직였다.

이번 조사에는 통역과 연구 보조를 맡은 라오스국립대학교의 대학생 커플이 함께했다. 이들과 한 팀이 되어 스쿠터를 타고 마을과 마을을 오갔는데, 그 모습이 연구자보다는 흡사 보따리상 같았다. 몇 달 치 옷가지에 음식, 살림살이, 설문지,

각종 장비까지 한가득 넣은 집채만 한 배낭과 덩달아 불룩해진 보조 가방을 스쿠터에 싣고 다녔다.

비포장도로를 하염없이 달리다 보면 어느새 엉덩이에 감각이 사라져 있었다. 먼지를 뒤집어쓴 채 마을에 도착했을 땐 과연 설문조사를 제대로 할 수 있을지 의심이 될 정도로 기진맥진했다. 하지만 신기하게도 사람들을 마주하는 순간 에너지가 다시 솟구쳤다. 무뚝뚝한 표정 뒤로 신기함과 반가움을 감추지 못하는 마을 사람들에게 환한 웃음으로 화답하게 된 건 어쩌면 당연한 일이었는지도 모른다.

설문조사의 핵심은 '그림의 의미를 정확히 이해시키는 것'이었다. 민감한 주제에 대해 직접적인 질문은 큰 의미가 없었다. 예컨대 "호랑이를 사냥한 적이 있나요?"라는 질문은 법적 제재를 의식하는 응답자들에게 솔직한 답변을 이끌어내지 못한다. 그래서 선택한 방법이 네 가지 유형의 목축 환경을 그림으로 제시하고, 그중 선호하는 그림을 고르게 하는 것이었다. 그림 속에는 호랑이와 가축 사이의 거리가 미묘하게 다르게 설정되어 있었다.

이런 방식으로 17개 마을, 총 203명의 주민을 대상으로 조사를 진행한 결과, 다행히도 대다수는 호랑이가 소 가까이에 있는 상황을 꺼리는 것으로 나타났다. 호랑이 사냥을 염두에 둔 사람이라면 무의식적으로 호랑이와 소가 가까이 있는 그림을 선호할 가능성이 있었다. 그보다 이들에게는 양질의 목초가 확보되는 환경이 중요했다. 이 설문 결과는 이후 감시 활동을 집중할 지역과 목축 방법을 개선할 지역을 정하는 데 실질적인 단서가 되었다. 분석 결과는 향후 보호지역의 전략 수립에 도움이 되도록 WCS 라오스 지부와 공유했다.

라오스 주민들, 생물다양성을 이야기하다

설문조사에서는 언제나 예상치 못한 이야기들이 튀어나오곤 했다. "가장 무서운 동물은 무엇인가요? 그리고 그 이유는 무엇인가요?"라는 질문을 던졌을 때도 마찬가지였다. 많은 이들이 호랑이를 꼽았지만, 실제로 사람에게 가장 많은 상해를 입히는 동물은 곰이었다. 라오 쑹에 속한 몽Hmong족 마을에서 설문조사를 했을 때는 순간 내가 한 세기쯤 전으로 돌아간 것 같은 착각이 들었다.

"호랑이가 아내를 잡아 갈 수 있잖아요. 그래서 호랑이가 제일 무서워요."

처음에는 그저 농담인 줄 알았고, 다음에는 그 혼자만의 생각이라 여겼다. 하지만 비슷한 답변이 여러 사람에게서 반복되자 그들의 문화적 맥락에서 비롯된 인식임을 알 수 있었다.

그러면서도 많은 사람은 호랑이를 '가치 있는 동물'로 인식하고 있었다. 심지어 "호랑이는 보호되어야 하며, 개체수가 늘어나야 한다"고 말하는 사람들도 있었다.

"호랑이는 왜 가치 있는 동물인가요?"라는 후속 질문에 대한 답변을 듣고는 귀를 의심할 수밖에 없었다. 대부분이 "생물다양성이 중요하니까요"라고 대답했기 때문이다. 일부는 "호랑이가 가져올 경제적 효과 때문"이라고도 했다. 응답자들의 평균 학력 수준이 초등학교 졸업에 불과하다는 점을 감안하면 '생물다양성'이라는 단어가 나온 것 자체가 놀라웠다. 나는 통역자에게 몇 번이고 다시 확인했다.

"정말 생물다양성이라는 단어를 썼어요? 정확하게 그 단어예요?"

"저도 신기한데, 진짜 그렇게 말했어요."

믿기 어려운 순간이었다. 아마도 WCS 라오스 지부에서 꾸준히 진행해 온 보전 교육의 성과일 것이다.

주민들이 호랑이의 경제적 가치를 언급한 점도 신기하기는 마찬가지였다. 정작 그들 대부분은 호랑이로부터 직접적인 경제적 이익을 얻은 적이 없었다. WCS가 운영하는 '밤의 사파리' 생태관광 프로그램의 수익이 일부 마을의 발전 기금으로 돌아가긴 했지만, 그 혜택을 받지 않는 마을의 주민까지도 경제적 가치를 이야기했다. 주민들은 관광객이 가장 보고 싶어 하는 동물이 단연 호랑이라는 사실을 잘 알고 있었고, 호랑이 덕분에 생길 수 있는 수익의 가능성을 명확히 인지하고 있었다. 생태 및 보전 교육의 중요성을 다시금 절감하는 순간이었다.

지는 싸움을 반복할지라도

이와 같은 인식은 분명 긍정적이었지만, 실제로 호랑이를 보전하는 결과로 이어질 수 있을지는 의문이었다. 라오스는 다양한 민족이 공존하는 나라였고, 민족별로 생활 방식이 크게 달랐다. 그중 라오 쑹은 특히 목축 중심이었다. 넓은 방목지에 소와 버펄로를 수십 마리씩 기르는 이들의 삶은 겉으로는 큰 문제가 없어 보였다. 그러나 방목지가 마을과는 멀고 보호지역에 위치하거나 인접한 탓에 가축 피해가 심각했고 그만큼 야생동물을 향한 주민들의 반감이 컸다.

몽족 마을은 보호지역 관리원과 주민 간 갈등이 특히 심한 곳이었다. 이들의 생활 여건은 매우 열악했는데, 식수를 구하기 위해 1킬로미터 이상, 방목지까지는 10킬로미터 이상 걸어가야 했다. 아이부터 어른까지 모두 낡고 헤진 옷을 입고 있었다. 호랑이를 잡아서라도 살아보려던 것은 몇몇 사람의 일

설문조사에서 활용했던 그림.
네 가지 유형의 목축 환경에서
소와 호랑이의 거리가 각각 다르게 묘사되어 있다.

보호구역을 관리하던 사람들에게
호랑이 교육을 진행하던 모습.

현지 의상을 입고 마을의 아낙들과
처마 아래에서 비를 피했다.
마을 사람들과 신뢰를 쌓고 그들에게
친근하게 다가가고 싶은 마음이었다.

마을을 떠나던 날, 남엣푸루이 보호구역을 지키는 사람들에게
마을과 마을을 이동할 때마다 타던 오토바이를 기증했다.

탈적인 생각이 아니라 누구라도 마주할 수밖에 없는 현실이었을 것이다.

보호지역 인근에 거주하는 주민들의 경제 관념 역시 매우 열악한 수준이었다. 대출 제도가 막 도입되었는데, 이자가 무엇인지 모르는 사람들이 돈을 빌려 아이에게 세발자전거를 사주는 일도 있었다. 오랜 기간 경제 원조를 받아온 탓에 대출 또한 무상 지원쯤으로 여겼을 가능성이 크다. 새로운 문물을 비교적 빨리 받아들이는 읍내 주민들조차 이런 상황이었으니, 외딴 산속에서 살아가는 몽족의 사정은 이보다 결코 나았을 리 없다.

게다가 이들에게는 '호랑이 사냥꾼'이라는 낙인이 찍혀 있었다. 물론 이들이 다른 민족에 비해 호전적인 성향이 있는 건 사실이었지만, 생활 수준이 극단적으로 열악하다는 점을 감안해야 했다. 생계, 사회, 문화 등 여러 요소가 실타래처럼 복잡하게 얽힌 상황에서 어디서부터 손대야 할지 그저 막막하기만 했다. 설령 일부 주민이 생물다양성의 개념을 알고 있다 해도 그 인식이 현실의 무게를 이겨낼 수 있다고 보기는 어려웠다.

연구 성과를 위해서는 보전의 성공 가능성이 높은 마을을 우선 선택해야 했다. 가령 목축법을 바꿀 의지가 강한 마을을 찾아 시범 사업의 기회를 먼저 제공하는 식이었다. 하지만 혜택이 더 시급한 대상은 훨씬 더 열악한 환경에 놓인 다른 마을 사람들이었다. 그 사실이 연구하는 내내 마음을 무겁게 했다.

무엇보다 충격적이었던 건, 호랑이의 실종이었다. 2년 전 연구를 처음 시작할 무렵만 해도 이 지역에는 20마리 안팎의 호랑이가 남아 있었다. 라오스에 남은 마지막 개체군이었다. 마지막 남은 개체군을 위해 연구한다는 뿌듯함과 사명감은 두말하면 입 아픈 것이었다. 하지만 연구가 진행될 무렵, WCS 라오스가 실시한 카메라 트랩 조사에서는 3000제곱킬로미터에 달하는 핵심 보호구역에서 겨우 두 마리의 호랑이만이 포착되었다. 그나마도 같은 개체일 수 있었다. 호랑이의 이동 경로를 꿰뚫은 밀렵꾼들이 1년에 다섯 마리씩 호랑이를 포획한 탓이었다. 물론 호랑이가 완전히 사라졌다고 단정할 수는 없었지만 번식 가능한 개체군이 사라졌다는 사실만큼은 명백했다. 라오스 인근의 베트남과 캄보디아에서는 이미 호랑이가 자취를 감췄고, 미얀마에서도 빠른 속도로 사라지고 있었다.

그렇게 호랑이가 사라진 자리에는 승냥이가 돌아오고 있었다. 실제로 설문조사에서 주민들은 호랑이보다 승냥이를 더 많이 언급했는데, 무리를 지어 돌아다니는 승냥이가 어린 소를 공격하는 주범으로 지목되었다. 야생동물과 주민 간 새로운 갈등이 시작된 것이다. 마을 사람들은 그 사실을 인지하고 있는 듯 "호랑이는 5년 전보다 줄었지만, 승냥이는 오히려 늘었다"라고 입을 모았다.

동시에 주민들은 "호랑이는 좋아도 승냥이는 싫다"라면서 승냥이를 향한 부정적인 감정을 거리낌없이 드러내었다. 승냥이 역시 국제적인 보호종이지만, 호랑이만큼 보전의 중요성이 강조되지 않은 탓이었다. "승냥이는 다 없어졌으면 좋겠다"라며 격한 반응을 보이는 이도 있었다. 상황이 오히려 악화되었다고까지 말할 수 있는 현실이었다.

이처럼 절망적인 현실 앞에서 보전생물학자들은 "우리는 지는 싸움을 하고 있는 것"이라며 자조 섞인 농담을 주고받곤 한다. 하지만 아무리 질 것 같은 싸움이라도 쉽게 포기하고 싶지는 않다. 들리는 말로는 마을 사람들의 경제 관념이 예전보다 많이 나아졌다고 한다. 지금이라면 새로운 방법을 써볼 수 있을지도 모른다. 우리 중 누군가는 다시 한번 새로운 도전에 나설 것이다.

한 번은
멈춰 설
용기

언어의 장벽부터 인종차별, 고된 현지 생활까지 숱한 어려움을 겪으면서도 좀처럼 지치는 법이 없던 나였다. 하지만 누구에게나 한번쯤은, 도저히 일어설 수 없을 것 같은 시련이 찾아오는 법이다. 당연히 나도 예외가 아니었다. 내게 그런 순간은 박사학위 취득을 눈앞에 둔 시점에 찾아왔다.

달라진 사람과 사라진 길

　내가 속한 연구실은 육식동물과 인간 사이의 갈등을 연구하는 곳이었다. 나는 라오스에서 호랑이와 인간의 갈등을 다루었고, 다른 친구들은 케냐의 사자, 에콰도르의 안경곰, 알래스카의 북극곰, 위스콘신의 늑대, 페루의 퓨마 등 각기 다른 현장에서 연구를 진행하고 있었다. 대부분이 이미 보전단체에 소속되어 활동하고 있었기에 자주 얼굴을 보지는 못했지만 사라져 가는 동물들을 지킨다는 공통의 목표가 있었기에 우리 사이에는 끈끈한 전우애가 있었다. 이따금 이루어지는 짧은 만남에서는 각자의 현장 이야기를 나누며 서로 힘을 북돋곤 했다.

　그런 연구실에 어느 날부터 이상한 기류가 감돌았다. 그 중심에는 다름 아닌 지도교수가 있었다. 그는 여러 면에서 완벽에 가까울 정도로 훌륭한 인물이었다. WCS에서 일한 경험이 있고 데일 박사의 추천을 받았으며, 선배들 모두가 입을 모아 칭찬할 정도로 학교 내에서 평판이 좋았다. '세상에 저런 교수는 없을 거야'라는 학생들의 찬사가 무색하지 않을 정도로 학생들을 자상하게 챙기는 사람이었다.

　그랬던 그가 어느 날부터 영혼이 바뀐 사람처럼 돌변했다. 먼저 변화를 감지한 친구들 사이에서 그를 향한 불만이 하나둘씩 터져 나왔다. 처음에 나는 그가 부교수 임용 문제 때문에 잠시 예민해진 거라고 생각했다. 하지만 그는 1년 가까이 학생들의 연락을 피하고, 말을 걸어도 퉁명스럽게 반응했다. 시간이 지나도 원래대로 돌아올 기미가 없었다. 라오스 조사를 마치고 돌아온 나를 기다리고 있던 건, 연구실을 떠난 동기들의 한숨 섞인 말들이었다.

"도대체 무슨 일이야?"

"더는 교수님이랑 같이 못 하겠어. 우리가 알던 그분이 아니야."

나 역시 얼마 지나지 않아 친구들과 비슷한 경험을 하게 되었다. 당시 조교 자리를 찾던 나는 가장 먼저 지도교수님을 찾아가 그가 맡은 과목의 수업 조교를 하게 해달라고 요청했다. 돌아온 답은 내 예상과는 전혀 달랐다.

"그렇게는 할 수 없어."

일말의 여지도 없는 단호한 거절에 놀라긴 했지만, 뭔가 사정이 있을 거라 생각했다. 유학생, 특히 대학원생에게 학비가 얼마나 중요한 문제인지 모르는 교수는 없으니 말이다. 하지만 내 믿음과 달리 그는 조교 자리를 연구실 소속도 아니고, 입학조차 확정되지 않은 석사 신입생에게 줄 생각을 하고 있었다. 아무리 생각해도 납득할 수 없었다. 그가 왜 그렇게까지 했는지 그 이유를 누구도 알지 못했고, 여전히 미궁 속에 남아 있다. 다만 조심스레 추측할 뿐이다. 그는 원래 그런 사람이었고, 조교수 시절 실적을 위해 '좋은 사람인 척' 하다가 정년을 보장받은 후 비로소 진짜 모습을 드러낸 게 아닐까.

남은 친구들 역시 하나둘 연구실을 떠났다. 아예 학업을 접은 이도 있었고, 다른 교수 밑으로 옮긴 이도 생겼다. 다섯 명 이상이 한번에 연구실을 떠나자 학과 차원에서 진상 규명 회의까지 열렸다. 나는 점점 벼랑 끝으로 내몰리고 있었다. 다른 친구들처럼 새로운 지도교수를 찾아야 할지 아니면 아예 학교를 옮겨야 할지 밤잠을 설치며 고민하는 날들의 연속이었다. 무엇보다 괴로웠던 건, 이 일 때문에 나의 박사학위 취득이 점점 미뤄졌고 언제 마무리가 될지 가늠하기도 어려워졌다는 사실이다. 막막함 속에서 스트레스는 한계에 달했고, 어떤 일도 손에 잡히지 않았다. 왜 하필 나에게 이런 일이 일어난 건지 모든 게 원망스러웠다.

심지어 나의 성격적 결함이 이런 일들을 만드는 건 아닐까 하는 생각까지 해야 했다. 중국에서 쫓겨났던 기억이 겹치면서, 모든 불운이 내 탓처럼 느껴졌다. 급기야 '다른 학교에 가서도 비슷한 일을 겪으면 그때는 어떡하지?'라며 벌어지지도 않은 일을 걱정하는 단계에 이르렀고, 결국 심리 상담 전문가를 찾아야 했다. 나의 감정을 터놓고 마음을 달래

주는 이야기를 들었지만 크게 도움이 되지는 않았다. 아무것도 확신할 수 없는 상황에서 불안은 점점 커져만 갔다. 내 인생에서 가장 힘겨웠던 순간이라고 할 만큼 큰 정신적 충격을 받은 사건이었다.

한쪽 문이 닫히면 다른 문이 열린다

나는 그의 연구실을 떠난 일곱 번째 제자가 되었다. 박사과정 4년 차에 접어든 어느 날, 더는 그와 함께할 수 없겠다는 결론에 이르렀다. 그는 지도교수로서 당연히 해야 할 역할을 전혀 하지 않았다. 문제는 내 결정이 너무 늦었다는 점이었다. 다른 연구실에는 이미 자리가 없었고, 낙동강 오리알 신세가 된 나는 박사과정을 포기할 생각까지 하게 되었다.

그런 나에게 손을 내민 사람이 있었다. 말 그대로 구세주였다. 당시 나는 학과의 행정 업무를 담당하는 직원들과 친분이 있었고, 그중 한 명은 우리 연구실의 소식을 잘 알고 있었다. 나의 상황을 딱하게 여긴 그가 조심스럽게 연락을 해왔다.

"학과장 존John Robinson이 너의 지도교수를 해준대. 그러니까 너무 걱정하지 말고 한번 만나봐."

존 교수님은 원래 학생을 받지 않겠다는 조건으로 애리조나주립대학교에서 스카우트돼 위스콘신주립대학교로 온

분이었다. 나와 일면식도 없는 그가 위스콘신주립대학교의 첫 제자로 나를 받아준 것이다.

"박사과정도 힘든데 이런 일까지 겪었으니 얼마나 지쳤을지 짐작이 가. 내가 봤을 때 너는 거의 90퍼센트까지 왔어. 이제 10퍼센트만 더 힘내면 돼. 네가 잘못한 건 없어. 지금처럼만 하면 충분해."

그는 나의 지도교수였지만, 내 연구 분야는 잘 알지 못한다고 솔직하게 말했다. 하지만 도울 수 있는 일이라면 뭐든 하겠다고, 그러니 언제든지 편하게 이야기하라고 말해주었다. 한순간에 닫혀버린 문 앞에서 좌절하고 있던 내 앞에, 다시 새로운 문이 열리는 순간이었다.

지도교수를 변경하면서 문제는 일단락되는 듯했다. 하지만 마음의 상처가 다 아물지 못한 탓인지 나는 갑자기 단 한 줄의 글도 쓸 수 없게 되었다. 논문은 이미 70퍼센트 이상 완성되어 있었기에 한 달 정도만 집중하면 마무리할 수 있는 상황이었다. 하지만 그때 나는 컴퓨터의 파일을 여는 데조차 오랜 시간이 걸렸다. 그만큼 마음이 망가져 있었던 것이다.

책상 앞에 몇 시간씩 앉아 있었지만 한 글자도 쓰지 못하는 날들이 계속되었다. 나 자신에게 실망했고, 끝내는 모든 걸 포기하고 싶다는 극단적인 생각까지 들었다. 나도 모르는 사이 나는 스스로를 더 깊은 곳으로 끌어내리고 있었다. 심리상

담사는 그럴 수 있다며, 스스로 너무 다그치지 말라고 했다. 그러고는 가족과 함께 지내며 안정을 취해보라고 조언해 주었다. 마침 비자가 만료될 시점이었다. 나는 존 교수님과의 면담 끝에, 한국으로 돌아가 논문을 마무리하기로 했다.

"엄마, 나 한국으로 돌아가려고 해. 논문은 가서 쓰기로 했어."

"그래 얼른 와. 와서 엄마랑 맛있는 것도 많이 먹고 푹 쉬어."

곧 졸업할 거라던 딸이 박사과정을 한 해, 두 해 미루다가 결국 마무리하지 못한 채 돌아왔을 때, 부모님은 어떤 말도 하지 않았다. 그저 조용히 나를 안아주고 다독여 주셨다. 논문을 마무리해야 한다는 압박감이 돌덩이처럼 마음에 자리 잡고 있었지만, 한국에 돌아온 몇 달 동안은 논문과 관련된 어떠한 일도 하지 않고 그저 부모님과 함께 여행을 다니며 일상을 회복하는 데만 집중했다. 그러자 신기하게도 어느 순간부터 다시 글을 쓸 수 있게 되었다.

그때까지 나는 의지와 체력만 있다면 못 할 일이 없다고 믿으며 살아왔다. 하지만 이 일을 겪으면서 마음의 건강이 얼마나 중요한지를 피부로 느꼈다. 마음의 병은 마치 면역 체계가 자기 자신과 싸우는 자가면역질환처럼 끊임없이 자기를 의심하게 만들고, 모든 상황을 부정적으로 해석하게 했다. 악순환 속에서 몸부림칠수록 더 깊은 늪으로 빠져드는 느낌이었다. 내 인생에서 가장 큰 시련이었던 이 경험은 내게 중요한 가르침으로 남았다. 앞으로 나아가는 것만큼, 멈추어 서는 일도 인생에 필요하다는 사실을 나는 그제야 깨닫고 있었다.

Project 5
한국·러시아

처음 만난
DMZ

2015년 봄, 박사과정을 마치지 못하고 한국으로 돌아온 나는 마음을 추스를 시간이 필요했다. 그즈음 알게 된 곳이 국립생태원이었다. 생태와 관련된 연구와 교육, 전시 등을 아우르며 아시아의 스미스소니언Smithsonian Institution을 지향한다는 이 복합연구기관은 이름만으로도 나의 관심을 끌기에 충분했다. 스미스소니언은 미국 워싱턴 D.C.에 본부를 둔 세계 최대 규모의 박물관이자 연구 기관인데, 중국 활동 당시 그곳의 연구자들과 즐겁게 교류한 경험이 있기에 스미스소니언을 지향하는 국립생태원이 어떤 곳인지 궁금했다.

다음 해 봄, 국립생태원이 'DMZ 포럼' 과제에 참여할 단기 연구원을 채용한다는 소식을 접했다. 환경부의 지원 아래 국립생태원이 비무장지대의 생태적 건강성을 평가하고, 향후 활용 방안을 모색하는 프로젝트였다. DMZ는 오래전부터 내게 호기심을 불러일으키던 공간이었다. 해외 생활을 하며 만난 외국인들은 예외 없이 내게 DMZ에 대해 물었지만, 나는 그곳에 대해 거의 알지 못했다. "DMZ는 나에게도 미스터리한 곳이야. 실제로 가본 후에 알려줄게"라며 대답을 얼버무릴 수밖에 없었다.

게다가 한국환경연구원에서 발간한 「동북아 생태 네트워크 추진체계 구축을 위한 연구」(2008)에서는 DMZ 동부의 인제와 고성 일대 산악지대가 국내에서 호랑이와 표범이 서식할 수 있는 유일한 지역이라고 적고 있었다. 그런 곳을 들여다보는 프로젝트라니, 이보다 나를 더 끌어당기는 제안이 있을까. 물론 우려하는 주변의 목소리도 있었다. '박사과정 마무리하는 게 우선이다' '연구를 하기에 생태원은 적합하지 않다' 등의 이유에서였다. 하지만 나는 잠시 길을 돌아가 보기로 했다. 지금 몸담은 생태원과의 인연은 이렇듯 가벼운 만남처럼 시작되었다.

야생동물 생태의 보고를 만나다

　나의 역할은 DMZ가 생태적으로 얼마나 건강한지를 보여줄 수 있는 지표들을 만들고 이를 시범 적용해 보는 일이었다. 이는 동물과 인간의 공존이라는 나의 이전 연구들과는 사뭇 다른 일이었기에 더 많은 사전 조사와 공부가 필요했다. 다른 나라에서는 어떤 방법으로 생태계의 건강성과 생물다양성을 평가하고 있는지부터 살펴봐야 했는데, 이 과정부터 녹록지 않았다.

　예를 들어, '해양건강성지수Ocean Health Index'라는 흥미로운 평가 체계를 하나 발견했는데, 처음엔 논문이 고작 여덟 쪽이라 반가운 마음부터 들었다. 그러나 이건 시작에 불과했다. 실제 지표에 관한 설명은 100장이 훌쩍 넘는 부록 파일 속에 숨어 있었다. 그렇게 각국의 다양한 평가 방법을 하나하나 들여다보며 DMZ의 특성에 부합하는 지표를 선별해 내는 작업은 많은 시간과 집중력을 요구했다. 하지만 낯선 세계를 탐색하는 여느 일들처럼 고된 시간 속에서 묘한 즐거움을 느낄 수 있었다.

　프로젝트에서 가장 흥미로웠던 점은 DMZ를 오랜 시간 연구해 온 전문가들의 생생한 의견을 들을 수 있다는 것이었다. 평소에는 정제된 내용이 담기는 보고서를 통해서만 정보를 접하기 때문에 실상을 축소 또는 왜곡해서 알게 될 가능성이 크다. 그래서 나 역시 DMZ를 60년 넘게 사람 손이 닿지 않은 '날것의 자연' '생태의 보고' 정도로만 이해하고 있었다. 하지만 전문가들의 이야기를 들으며 그러한 단순한 인식이 서서히 깨지기 시작했다.

물론, 생물다양성 측면에서 DMZ가 생태의 보고인 것은 맞다. 하지만 '사람의 손이 닿지 않은 날것의 자연'이라는 환상은 실제와는 거리가 있었다. 민간인의 출입이 제한되는 민통선 지역에서도 사람의 이용은 활발하게 이루어지고 있었고, '생태' '녹색' '평화'를 앞세운 개발 활동도 조용히, 그러나 꾸준히 추진되고 있었다. 애초에 휴전선을 기준으로 남북 각각 2킬로미터씩 총 4킬로미터에 달했던 DMZ의 폭은 시간이 흐르며 점점 좁아졌고, 그만큼 생태적 완충 지대로서의 기능도 약화되고 있었다. 내가 상상하던 모습과 실제 DMZ 사이의 간극은 생각보다 훨씬 컸다.

그 무렵, 민통선 지역을 직접 체험할 기회가 찾아왔다. 국립생태원이 주관하는 DMZ 일대 생태계 조사에 참여하게 된 것이다. 2016년 동부 산악 권역인 양구와 인제에서 포유류, 조류, 양서류, 파충류, 어류, 식물 등 총 아홉 개 분야에 걸친 조사가 동시에 진행되었다. 비록 DMZ에 대한 환상은 깨졌지만, 그에 대한 궁금증까지 사라진 것은 아니었다. 민통선 출입 허가를 받기 위해 거치는 여러 행정 절차조차 번거롭기보다는 신기하게 느껴질 정도였다.

하지만 실제 현장에 들어가자 그 낭만은 곧 현실에 자리를 내주었다. 그곳에서 나는 말 그대로 '지뢰밭을 걷는 기분'을 느껴야 했다. 포유류 조사를 위해서는 카메라 트랩을 설치해야 했다. 이때에는 기존에 트랩을 설치했던 위치에 다시 설치하는 것이 중요했다. 문제는, 장마 등으로 인해 지뢰가 원래 있던 자리에서 이동했을 가능성이 있다는 점이었다. 카메라 하나를 설치하기 위해 목숨을 걸었다고 해도 과언이 아니었다.

현장을 안내하던 군인들은 "동물 사진 하나 찍겠다고 이런 수고까지 하느냐"며 우리를 신기해했다. 규정상 군인의 동행이 반드시 필요했지만, 그들은 그 상황이 꽤 귀찮은 눈치였고 우리는 "딱 저기까지만 가겠다"며 그들을 붙잡고 한참이나 애원해야 했다. 현장의 열기가 어찌나 뜨거웠는지 찬바람이 매섭게 몰아치는 한겨울이었지만 핫팩이 필요하지 않을 정도였다.

군인들은 초소 근무 중 목격한 동물 이야기를 들려주기도 했다. 이들은 연구자보다 더 가까이에서, 더 자주 야생동물과 마주하는 사람들이었다. 멧돼지는 물론이고 멸종위기 야생생물 I급인 산양도 초소 주변을 자주 드나드는 단골손님이었다. 우리 또한 음식물 쓰레기통 주변을 어슬렁거리던 거대한 멧돼지를 마주쳤는데, 멧돼지는 큰 덩치와 달리 조심성이 많고 소심한 성격이라 가까이 다가갈 틈도 주지 않은 채 잽싸게 숲속으로 사라져 버렸다.

분단이라는 특수한 조건 속에서 형성된 DMZ와 민통선 지역은, 인간의 간섭이 적은 세계에서 야생동물이 어떻게 살아가는지를 들여다볼 수 있는 하나의 창이 되어주었다. 나의 오랜 환상은 깨졌지만, 환상 못지않게 다채롭고 생생한 이야기를 품은 곳이었다.

DMZ가 품었을 것들

DMZ 연구에 참여하는 동안 새롭게 관심을 갖게 된 동물이 있다. 바로 사향노루다. 중국에서 활동하던 때에도 사향노루에 대해 알고 있었지만, 그저 호랑이의 수많은 먹잇감 중 하나로 생각했을 뿐 특별한 존재로 여기지 않았다. 하지만 한국에서 만난 사향노루는 전혀 다른 느낌으로 다가왔다. 멸종위기 야생생물 I급이자 천연기념물로 지정된 사향노루는 DMZ와 민통선 깊숙한 곳에서 가까스로 명맥을 잇고 있는 기특한 생명이었다.

호랑이나 표범과 마찬가지로 밀렵과 서식지 파괴가 사향노루를 멸종위기로 몰아넣은 주요 원인이었다. 특히 사향노루에서 얻을 수 있는 '사향'은 공진단 등 고급 한약재의 재료로 쓰이는데, 국내에서 가격이 1억 원을 호가한다는 이야기도 있다. 그런 이유로 사향노루는 오래전부터 밀렵꾼들의 주요 표적이 되어왔다.

그나마 DMZ에는 군대라는 방패막이 있었기에 사향노루가 살아남을 수 있었지만, 밀렵의 그림자는 여전히 짙다. 당시에도 사향노루의 서식지로 알려진 곳에 설치한 카메라 트랩이 모두 사라지는 일이 있었다. 굵은 와이어에 자물쇠까지 채워 단단히 고정해 두었지만 모두 감쪽같이 사라졌다. 와이어를 끊으려면 큰 절단기가 필요한데, 그것을 들고 산을 오를 정도라면 우연의 결과가 아니라 밀렵꾼의 소행이라고 봐야 한다. 실제로 라오스나 러시아 같은 지역에서도 밀렵꾼들이 흔적을 없애기 위해 카메라 트랩을 부수거나 가져가는 사례가 많은데, 전체 설치량의 30퍼센트가 도난당한다는 보고도 있다.

개체수가 적고 야행성인 데다 예민하기까지 한 사향노루는 국내에서 거의 연구되지 못한 종이다. 과거 우연히 포획된 개체를 사육하려는 시도가 있었으나, 얼마 못 가 죽고 말았다. 그런데 뜻밖에도 부대 내에 설치된 CCTV를 통해 사향노루의 모습을 확인할 수 있었다. 보안이 중요한 군부대 특성상 영상은 확인 절차를 거친 후 일부 자료만이 우리 연구진에게 전달됐다. 그런데 어느 날 한 군인이 궁금한 게 있다며 카메라에 찍힌 영상 하나를 보여주었다.

"사슴인데 고라니는 아닌 것 같고 어떤 종일까요?"

그가 보여준 영상 속에서, 조심스럽게 몸을 낮춘 수컷 사향노루는 영역 표시를 하고 있었다. 난생처음 보는 놀라운 장면에 흥분을 감추지 못하고 빨려 들어갈 것처럼 화면을 쳐다보았다. 군인들은 그런 내 모습을 흥미롭다는 듯 지켜보았다.

"야생동물 영상보다 연구원님들 모습이 더 재미있습니다. 사향노루가 그렇게 귀한 동물입니까?"

좀처럼 가라앉지 않던 흥분을 억누르며, 혹시 영상을 가져갈 수는 없는지 조심스럽게 물었다. 하지만 예상대로 군사 보안상 외부 반출은 불가하다는 답이 돌아왔다. 얼마나 많은 귀한 장면이 이렇듯 기록되었다가 아무도 모르게 사라졌을까. 아쉬움에 선뜻 발길이 떨어지지 않았다. 내가 DMZ 경계 근무를 서고 싶다는 욕심이 생길 정도였다.

DMZ 일대 포유류 조사에서
미리 설치해 둔 카메라 트랩을 확인하고 있다.

표현리안

Panthera orientalis

약 150	CR 위급	북·중·러 접경지대
개체수	IUCN 등급	사는 곳

단독으로 생활하며, 암컷은 평균 240제곱킬로미터, 수컷은 평균 373제곱킬로미터의 영역을 유지한다. 주로 대륙사슴과 노루를 먹이로 삼으며, 평균 10~15년을 살지만 야생에서는 더 일찍 폐사하는 경우가 많다. 검은 매화 무늬가 있으며, 여름철에는 털이 짧고 색이 더욱 짙어진다.
현재 러시아의 표범의 땅 국립공원에 가장 많은 개체 (약 130마리)가 서식하고 있으나, 근친교배로 인해 유전적 다양성이 감소하고 있으며, 질병의 위험에도 노출되어 있다. 우리나라에서는 1970년까지 서식한 것으로 알려져 있다.

마침내
표범과
재회하다

생태원 생활에 적응하는 동시에, 가족과 지도교수님 그리고 박사위원회 교수님들의 도움을 받으며 나는 조금씩 컨디션을 회복했다. 그리고 마침내 2017년 '라오스에서의 인간과 육식동물과의 갈등에 관한 연구'와 '한국의 표범 복원'에 관한 주제로 박사학위를 받았다. 돌이켜 보면 아찔한 순간들의 연속이었다. 만약 그때 지도교수님이 내게 손을 내밀어 주지 않았다면, 그래서 내가 박사학위를 포기했다면 어떻게 되었을까? 한국으로 돌아온 뒤 지도교수님과 화상으로 이야기를 나누던 중 그가 나에게 이런 말을 해주었다.

"나는 네가 한국 돌아간다고 했을 때 박사과정을 그만둘 줄 알았어. 그랬는데 이렇게 무사히 끝맺다니 정말 다행이야. 네가 너무 자랑스럽다."

결국 우리는 만날 운명이었다

그 후 나는 얼마간 국립생태원 국제협력팀에서 근무하다가, 2018년 멸종위기종복원센터가 새롭게 문을 열면서 당시 복원전략실의 복원평가분석팀에 합류하게 되었다. 국내에서는 공식적으로 멸종위기종을 연구할 수 있는 유일한 기관이기에 나의 정체성과 경험을 살려 일할 수 있는 소중한 기회였다. 당시 나는 포유류팀과 복원평가분석팀 중 어디에 지원하면 좋을지 고민했지만, 그동안의 경험에 더 부합하다고 판단되는 복원평가분석팀을 택했다. 다만 한편으로는 표범을 가까이에서 만날 현장 연구 기회가 줄어드는 것 같아 아쉬운 마음을 품어야 했다.

그런 내가 다시 표범과 마주하게 된 건 정말 예상치 못한 기회 덕분이었다. 멸종위기종복원센터가 개원하던 날, 환경부에서 연락이 왔다.

"11월에 러시아에서 한러 멸종위기 야생생물 보전 분과

위원회가 열립니다. 그때 러시아에서 국내로 대륙사슴을 들여오는 의제를 담당해 주셨으면 하는데요."

대륙사슴에 대한 전문 지식이 부족하다는 이유로 처음에는 고사했다. 하지만 야생생물 전반에 대한 이해만 있으면 충분하다는 설득이 이어졌고, 결국 모스크바행이 결정되었다. 회의를 앞두고 대륙사슴 도입과 관련해 현재까지 진행된 상황 등을 자세히 살펴보니, 사슴류에서 발생하는 질병 때문에 국내 검역을 통과하기가 사실상 불가능했다. 그런데 협력에 예상되는 어려움을 조심스럽게 전달하려 했던 그 자리에서, 뜻밖의 인물을 만나게 되었다. 바로 표범의 땅 국립공원의 원장이었다.

표범의 땅 국립공원은 러시아 정부가 아무르표범을 체계적으로 보전하기 위해 2012년 설립한 국립공원이다. 핵심 서식지였던 케드로바야 패드 보호구역을 포함해 3000제곱킬로미터에 달하는 면적이 보호구역으로 지정되어 있는데, 이는 우리나라에서 가장 크다고 하는 지리산 국립공원의 여섯 배에 달하며, 제주도보다도 넓은 면적이다. 놀랍게도 이곳이 대륙사슴 의제를 담당하는 기관이었다.

'어떻게 이런 우연이!'

쉬는 시간을 틈타 나는 원장을 찾아가 간단한 자기소개를 하고, WCS 중국에서의 활동 경험을 이야기했다. 원장은 나를 반갑게 맞이하며 국립공원의 최신 현황을 자세히 알려주었다. 표범은 30마리 남짓에서 100여 마리가 그곳에서 살고 있고, 호랑이 또한 30여 마리까지 늘어나서 러시아 내에서 가장 높은 밀도를 자랑한다고 했다. 호랑이 개체수가 늘면 표범의 서식지가 줄어들어 공존이 어려울 것이라는 학자들의 우려와 달리, 두 종이 함께 늘고 있다는 너무나 반가운 소식이었다.

이 기회를 그냥 놓칠 수 없었다. 나는 조심스럽게 제안을 꺼냈다.

"원장님, 당장 실현이 어려운 대륙사슴 도입보다 표범 보전을 함께하는 건 어떠세요?"

"좋아요. 그래도 대륙사슴 도입은 가능성을 열어두고 진행하고 싶습니다."

"그렇다면 검역 문제에 대한 해결책을 찾을 때까지 대륙사슴과 표범을 공동으로 연구하면 어떨까요?"

원장은 내 제안을 흔쾌히 승낙했다. 회의장이 아니었다면 환호성을 질렀을지도 모른다. 한국의 대표단으로 참석한 자리였던 만큼 짐짓 온화한 미소를 유지한 채 점잔을 뺐으나, 올라가는 입꼬리는 주체할 수 없었다. 머릿속에서는 총천연색 폭죽이 터지는 것 같았다. 현장에서 표범을 연구할 기회는 없을 거라고 체념했었는데, 뜻밖의 기회가 다시 열린 것이다.

만날 사람은 결국 만나게 된다더니, 표범과 나는 그런 운명이었다.

원장은 산양에도 관심이 많았다. 극동러시아 지역의 산양과 우리나라의 산양은 같은 아종이었기에, 우리나라의 성공적인 산양 복원 사례를 소개했다. 한때 절멸 직전까지 갔었고, 오랫동안 설악산 일부 지역에서만 서식하던 산양이 복원과 보전 사업을 통해 개체수가 증가해 서식지가 남쪽으로 확장되고 있다는 이야기였다. 최근에는 심지어 서울에서도 산양이 발견되었다는 이야기를 꺼내자 원장의 눈빛이 반짝였다. 현재 표범의 땅 국립공원에는 극소수의 산양만이 살고 있는데 한국의 복원 경험을 참고해 산양 복원을 추진하고 싶다고 했다.

의도치 않게 일이 커지는 듯했지만, 그래도 흔쾌히 산양 복원을 돕겠다고 약속했다. 이렇게 해서 한-러 협력 과제가 하나 더 추가되었다. 분위기가 무르익은 틈을 타, 나는 농담을 하듯 제안을 건넸다.

"산양 열 마리와 표범 두 마리, 맞교환은 어떤가요?"

원장은 순간 당황하는 듯하더니 바로 재치 있게 응수했다.

"표범은 사실상 반출이 불가능하니, 대륙사슴 열 마리와 산양 두 마리는 어떻습니까?"

물론 야생동물 교환은 절차와 조건이 매우 까다롭고 복

잡하기에 실제로 추진될 가능성은 거의 없었다. 다만 짧은 대화를 통해 양국이 각각 어디에 관심을 두고 있는지는 파악할 수 있었다. 무엇보다 산양이라는 새로운 공통 관심사를 발견했다는 점에서 매우 의미 있는 회의였다. 회의 보고서에는 한국과 러시아가 공동으로 대륙사슴과 표범을 연구한다는 내용이 공식적으로 담겼고, 나는 뿌듯한 마음으로 2박 3일의 일정을 마무리한 뒤 한국으로 돌아왔다.

기초과학 강국 러시아의 면모를 엿보다

그로부터 약 6개월 뒤인 2019년 5월, 회의에서 논의된 내용을 더 구체화하기 위해 표범의 땅 국립공원의 원장과 과학부장이 국립생태원이 있는 영양군에 찾아왔다. 과학부장은 나와 오래전부터 알고 지낸 유리 박사였다. 그는 WWF 러시아 아무르 지부의 지부장이었는데 은퇴 후 표범의 땅 국립공원에서 과학부장으로 제2의 인생을 시작한 인물이다. WCS와 WWF는 모두 국제 야생동물 보전단체로, 서로 긴밀히 협력하면서도 경쟁 관계에 있다. 2007년에는 경쟁 기관의 수장이었던 유리 박사를 이렇게 협력 파트너로 다시 만나다니 기분이 묘했다. 우리는 이렇게 다시 만나게 될 줄 몰랐다며 반가운 인사를 나눴다.

차 뒷좌석에 앉아 센터로 이동하던 유리 박사가 창밖을 보며 물었다.

"서식지는 좋아 보이는데, 왜 한국에서는 표범을 복원하지 않죠?"

"사람과 갈등이 발생할 위험 때문에 신중히 접근하는 것 같아요."

"곰도 복원하고 있으면서 더 소심한 동물을 복원하길 망설인다고요? 이해가 잘되지 않네요."

나는 멋쩍은 미소만 지었다. 러시아에서 곰과 표범으로 인해 발생한 인명 피해를 비교해 보면 이해가 안 갈 만도 하다. 표범에 의해서는 사망은커녕 상해를 입는 사람도 거의 없지만 곰에 의한 피해는 꾸준히 발생하기 때문이다. 그러면서 유리 박사는 한국에서도 표범 복원을 진지하게 생각해 보길 바란다고 덧붙였다.

센터에서는 다양한 논의가 오갔다. 질병 연구부터 생태 연구까지 여러 주제가 거론됐는데, 그중 가장 시급한 과제로 표범의 유전 연구가 꼽혔다. 이 연구는 서울대학교가 주관하고 국립생태원이 지원하는 형태로 협력을 이어가기로 했다. 그리고 보다 공식적으로 연구를 추진하기 위해 한-러 멸종위기 야생생물 보전 분과위원회에 표범을 공식 의제로 올리기로 합의했다. 그해 11월 서울에서 열린 한-러 분과위원회에서 실제로 '아무르표범 보전을 위한 한-러 공동연구'가 공식 의제로 채택되면서 본격적인 협력의 물꼬가 트였다. 회의 시간을 조율하는 데에만도 몇 달이 소요되는 여타 국제회의들과 비교해 보면, 가히 로켓처럼 빠른 전개였다. 모두 표범의 땅 국립공원이 보여준 전폭적인 지지 덕분이었다.

이와 동시에 추진됐던 중요한 일이 또 하나 있었는데, 바로 2020년 한-러 수교 30주년을 맞아 표범을 국내로 들여오는 계획이었다. 2019년 말 코로나19 바이러스의 확산이 시작되었지만, 2020년 방문은 변동 없이 진행되었다. 나는 눈앞의 현실을 잠시 잊을 만큼 표범을 모니터링을 한다는 사실에만 마음이 쏠려 있었다. 이전에도 중국과 러시아에서 야생동물 모니터링에 참여한 경험이 있었고, 호랑이 발자국을 쫓아다닌 적도 있었지만, 이번엔 표범이었다.

마침내 2월 말 우리는 표범의 땅 국립공원에 도착했다. 날이 풀렸지만 아직 눈은 녹지 않아 제한적으로나마 표범의 흔적을 찾을 수 있었다. 트래킹을 함께하던 젊은 연구원이 발자국 하나를 가리키며 말했다.

"이건 어제 오전에 생긴 발자국일 가능성이 높아. 어제 낮에 날씨가 따뜻해서 눈이 녹았다가 밤에 다시 언 걸로 보여."

감탄이 절로 나왔다. 얼마나 오랜 시간, 자주 현장을 오가

현지 연구원에게 표범의 땅 국립공원에 대한 설명을 듣고 있다.

표범의 땅 국립공원 연구진과 함께 모니터링을 진행하는 모습.

표범의 땅 국립공원 유리 박사와
모니터링 결과를 논의했다.

표범이 자주 출몰하는 지역 나무에 설치해 둔 카메라 트랩.
도난 방지를 위해 감쪽같이 위장되어 있다.

며 관찰을 이어왔기에 단번에 이런 해석이 가능한 걸까. 러시아가 왜 기초과학의 강국이라 불리는지, 이 작은 발자국 하나에서 새삼 깨달았다.

표범의 땅 국립공원의 연구원들은 마치 현장을 누비는 형사 같았다. 발자국의 깊이와 간격, 땅의 눌린 모양을 통해 동물의 속도와 움직임을 읽어냈다. 동물들이 어디에서 쉬고, 어디쯤에서 힘껏 점프하고 이동했는지를 유추하는 과정이 그들에게는 너무나 익숙하고 당연해 보였다.

팬데믹에도 멈추지 않았던 표범 보전 연구

표범이 자주 출몰하는 지역에는 곳곳에 카메라 트랩이 설치되어 있었다. 그런데 어찌나 정교하게 위장되어 있었던지, 미리 설명을 듣지 않았다면 그냥 지나쳤을 정도였다. 장비 도난이 워낙 빈번하다 보니, 위장술까지 동원해야 했던 것이다.

표범의 이동 경로를 추적한 뒤에는 유전 샘플링도 진행했다. 눈 위에 남은 표범 발자국에서 유전 정보를 추출할 수 있는지 실험해 본 것이다. 표범의 땅 국립공원의 연구원이 휴대용 칼로 유물을 다루듯 조심스레 눈을 쓸어 담자 발자국이 고스란히 떠올랐다. 나도 따라 시도해 보았지만, 와르르 무너져버려 멋쩍은 웃음만 지어야 했다.

그렇게 연구에 몰두하던 중 급보가 날아들었다. 코로나19 때문에 이틀 뒤면 한국과 블라디보스토크를 오가는 하늘길이 닫힌다는 소식이었다. 서둘러 항공사에 연락을 시도했지만 모두 불발되었다. 무사히 한국에 돌아갈 수 없다고 생각하니 정신이 혼미해졌다. 방 안을 이리저리 서성이며 초조하게 시간을 흘려보냈다.

그러다 문득 한국 항공사의 러시아 지점에 직접 연락해봐야겠다는 생각이 들었고, 간신히 연락이 닿아 비행기표를 바꿀 수 있었다. 계획한 일정을 마무리하지는 못했다는 생각에 돌아오는 발걸음이 마냥 무거웠다. 2020년 2월 29일, 한국에 돌아온 이후부터는 긴 암흑의 시간이 이어졌다. 표범의 땅 국립공원과의 모든 회의가 취소되거나 온라인으로 전환되었다. 그러나 어렵게 찾아온 기회를 그냥 놓칠 순 없었기에 온라인으로 함께할 수 있는 일들을 최대한 찾아 나섰고, 다행히 일부 프로젝트가 지금까지도 무탈히 진행 중이다. 표범을 한 마리라도 더 보전하기 위한 물밑 작업은 계속될 것이다. 아무르표범의 보전은 보전생물학자로서 나의 마지막 소명이다.

산양 Na
cau

norhedus
atus

2500~10000	VU 취약	극동러시아, 중국, 한반도
개체수	IUCN 등급	사는 곳

해발 500~2000미터의 바위가 발달된 험준한 산악 지역에 서식하는 소과의 동물로, 오랜 세월 동안 거의 진화하지 않아 '살아 있는 화석'이라 불린다. 보통 4~12마리씩 소규모로 무리를 지어 생활하며, 뿔의 주름으로 대략적인 나이를 추정할 수 있다. 우리나라에서는 멸종위기 야생생물 I급이자 천연기념물로 지정되어 있다.

초식동물과의
첫사랑

호랑이와 인간의 갈등을 연구하는 내게 동물은 늘 세 부류로 나뉘었다. 호랑이, 표범, 그리고 그들의 먹이동물. 먹이동물을 향한 관심은 자연스레 덜했다. 그중에서도 염소는 특히 두려운 대상이었다. 어린 시절, 나를 향해 돌진해 오던 염소에 대한 기억 때문에 그들의 가느다란 동공과 뾰족한 뿔은 공포의 상징으로 남아 있었다.

    나의 트라우마를 단숨에 날려준 야생동물이 바로 산양이다. 산양은 우리나라 멸종위기 야생생물 I급이자 천연기념물로, 매우 귀한 존재다. 한때는 한반도 전역을 누볐으나 1960년대 이후 개체수가 급감했고, 2000년대에는 강원도와 경북 북부에 약 700여 마리가 있다고 알려졌다. 개체수는 점차 느는 추세이나 2024년 폭설로 1000여 마리가 죽기도 했다. 산양에 마음을 쏟게 된 건 비교적 최근의 일이다. 2020년까지 내게 산양은 표범이 돌아왔을 때 주요 먹이원이 될 수 있는 종 중 하나였고, 동시에 '멸종위기 야생생물 I급'이라는 타이틀을 공유하며 표범 복원의 당위성에 질문을 던지는 존재였다. 두 종 모두 보호가 필요하지만, 서식지가 겹친다면 누가 먼저 보호받아야 하는가 하는 논란이 불거질 수밖에 없기 때문이다.

새끼 산양과의 이루어질 수 없는 사랑

국립생태원에서는 야생에서 구조된 동물들을 임시 보호한 뒤 다시 자연으로 돌려보내는 일을 한다. 2021년 8월, 강원도 철원에서 태어난 지 한 달 남짓 된 산양 한 마리가 구조되어 국립생태원 멸종위기종복원센터로 이송되었다. 철원에서 영양까지의 긴 여정은 산양에게도, 이송을 맡은 남편과 수의사에게도 만만치 않은 일이었다.

밤 10시를 훌쩍 넘긴 시각, 지친 기색이 역력한 이들의 품에는 작디작은 생명체가 안겨 있었다. 수의사가 산양의 체온을 재며 상태를 확인하는 동안, 나는 산양의 몸통을 두 손으로 살포시 감쌌다. 마치 강아지를 만지는 것처럼 너무나 부드러웠다. 형언할 수 없을 만큼 사랑스러웠다. 서둘러 지푸라기를 모아 임시 잠자리를 마련하고, 물과 마른 뽕잎을 날랐다. 밤새 산양의 상태를 지켜보기 위해 카메라 트랩도 설치했다. 낯선 환경에 불안해하던 산양은 조금씩 안정을 되찾아 물과 뽕잎을 먹기 시작했다. 그 모습에 안심하고 돌아서려던 순간이었다. 마치 "나를 두고 가지 마세요"라고 말하는 듯 애처로운 울음소리가 들려왔다. 발길이 떨어지지 않아 슬그머니 남편에게 물었다.

"우리… 밤새 지켜볼까?"

"야생동물을 너무 감정적으로 대하면 안 돼. 안타까운 마음은 알지만, 장기적으로 생각해야지. 결국 다시 자연으로 돌려보내야 하잖아."

구구절절 옳은 말이었다. 대꾸도 하지 못한 채, 입만 뾰로통 내민 채로 돌아섰다. 집으로 오는 길, 머릿속은 온통 한 가지 질문으로 가득했다. 무엇이 진짜 산양을 위한 길일까. 하루빨리 자연으로 돌아가려면 인간과의 접촉을 최소화하는 것이 맞았다. 그래서 다음 날부터는 그저 멀리서 산양의 안부만 물었다. 애처로운 눈망울과 울음소리가 머릿속에 자꾸 맴돌았지만, 꾹 참아야 했다.

산양은 개선충에 감염된 상태였다. 이 기생충은 극심한 가려움을 유발하는데, 감염 부위를 문지르다 보면 털이 빠지고 피부는 돌처럼 딱딱하게 굳는다. 이를 방치할 경우 면역 저하와 저체온증으로 폐사에 이를 수도 있다. 더구나 개선충은 사람에게도 옮을 수 있어 주의가 필요하다. 특히 너구리는 주요 전파자이기에 야생에서 마주치더라도 함부로 접촉해서는 안 된다.

다행히도 산양은 치료를 받으며 차츰 건강을 되찾았다. 생태원 사람들은 '철순이' '산양이' '강철산' 같은 애칭으로 산양을 부르곤 했지만, 끝내 공식적인 이름은 지어주지 않았다. 나 역시 마찬가지였다. 산양이 사육동물처럼 인간과 정서적 애착을 형성한다면 야생으로 돌아가는 데 어려움을 겪을 수도 있었기 때문이다.

야생 산양을 찾아 산불 지역을 헤매다

구조된 산양이 연구원들의 사랑 속에서 무럭무럭 자라고 있을 무렵, 동해안 지역에 대형 산불이 발생했다. 2022년 3월 4일, 강풍을 타고 삽시간에 번져간 대형 산불은 무려 213시간 43분 동안 타올랐고, 이는 우리나라 역사상 가장 긴 산불로 기록됐다. 사라진 산림 면적은 서울의 4분의 1에 해당하는 1만 6000헥타르에 달했다.

다행히 인명 피해는 없었지만, 삶터를 잃은 이들이 많았다. 무엇보다도 산양의 주요 서식지였던 울진의 깊은 산악 지역이 직격탄을 맞았다. 우리가 카메라 트랩으로 산양을 모니터링하던 구역도 불길에 휩싸였다. 실시간으로 전해지는 피해 상황을 확인하며 속수무책으로 발만 동동 굴러야 했다.

소방대원들은 무자비하게 이어지는 산불과 기약 없는 사투를 벌였다. 봄기운이 채 오지 않은 3월의 추운 날씨, 산불을 진압하는 동안에는 열기에 숨이 턱턱 막혔을 테지만 마을로 내려오면 기온이 뚝 떨어졌다. 극심한 온도 차로 더욱 힘들었을 이들을 보고만 있을 수 없어 팀원들과 부랴부랴 핫팩을 보내기도 했다.

잡히지 않을 것 같던 산불이 꺼진 후 우리는 본격적으로 야생동물 피해 조사에 나섰다. 다행히 산불로 인해 죽은 포유동물은 발견되지 않았다. 놀랍게도 우리가 설치해 두었던 카메라 역시 모두 무사했다. 불길이 번지다 멈춘 순간들이 고스란히 담긴 카메라 속에는 더없이 반가운 장면도 포착되었다. 산불 전에 자주 모습을 드러내던 산양들이 불이 난 뒤 자취를 감추었다가 며칠 후 건강한 모습으로 다시 나타난 것이다. 강풍에 실려 삽시간에 번진 불길을 동물들은 어떻게 피할 수 있었을까.

　산불이 휩쓸고 간 산의 땅은 미끄러웠고, 타버린 나무 냄새가 여전히 진동했다. 아무리 조심해도 옷과 피부에 검댕이 묻어났다. 특히 산양의 서식지 피해를 확인하는 과정은 위험한 순간의 연속이었다. 울진과 삼척의 일부 지역은 가파른 바위산이 이어져 있었기에 이동조차 쉽지 않았다. 미끄러지지 않도록 다리에 잔뜩 힘을 주어야 했다. 다행히도 대부분 구역은 표면만 그을린 정도였다. 지표만 탄 곳에는 다시 풀이 자랄 것이고, 새로운 생명이 또 그 자리를 차지할 것이다.

　깊이 안도하며 계곡부까지 내려왔는데, 더 이상 길이 없었다. 사방이 절벽이었고, 유일한 길은 폭포 옆 좁은 바윗길뿐이었는데 손잡이도, 밟을 곳도 없었다. 발을 잘못 디디면 곧장 추락해 목숨을 잃을 수도 있었다. 우리는 세 가지의 선택지를 두고 고민해야 했다. 첫째는 위험을 무릅쓰고 폭포를 건너기, 둘째는 다섯 시간이 넘게 걸려 왔던 길로 돌아가기, 마지막은 구조 요청하기였다.

　그때 내 체력은 이미 한계에 다다라 있었다. 다리가 후들거려 쉬었다 가기를 반복하고 있었다. 팀장이 된 후로 1년가량 무리하며 건강이 나빠진 탓도 있었다. 무엇보다 함께 온 동료에게 너무 미안했다. 나는 조금 더 안전하다고 판단되는 왔던 길로 돌아가는 선택지를 주장했지만, 체력이 떨어진 상태에서 무리한 산행은 오히려 더 위험하다며 함께 있던 동료가 만류했다. 게다가 날이 저물고 있었고, 밤 산행은 시간이 오래 걸리기 때문에 오늘 안에 하산하지 못할 가능성이 컸다. 조사를 하러 왔다가 구조가 필요해진 상황이 창피했지만, 결국 119에 도움을 요청했다. 깊은 산속이라 전화 신호가 잡히지 않아 구조 요청마저 쉽지 않았다.

구조대가 오기까지의 시간은 유난히 더디게 흘렀다. 배는 점점 고파졌고, 핫팩을 세 개나 붙이고 있었음에도 몸이 떨릴 정도로 추웠다. 주머니를 뒤져 겨우 찾아낸 멘토스 세 알을 보물이라도 되는 양 동료와 소중히 나눠 먹었다. 아마 내 생에 그렇게 맛있는 사탕은 다시없을 것이다. 어느덧 주변은 완전히 어두워졌고, 가느다란 헤드랜턴 불빛에 의지한 채 구조를 기다렸다.

두 시간쯤 지났을까, 멀리서 희미한 불빛이 다가왔다. 구조대원 두 분이 나는 건널 엄두도 내지 못했던 계곡 절벽을 재빨리 건너와 밧줄을 매어주었다. 움직임이 어찌나 민첩했는지 내가 엄살을 부린 게 아닌지 의심이 들 정도였다. 너무 감사하게도 대원들은 우리가 누구인지, 왜 여기 있는지 묻지 않고 오직 안전한 구조에만 집중했다. 당시에도 감사와 사과의 인사를 거듭했지만, 그날 우리를 구해주신 문명기·김용진 대원님께 다시 한번 깊은 감사를 전하고 싶다.

그날, 산불이 꺼진 서식지에서 산양이 돌아온 흔적을 발견했다. 우리가 그토록 고생스럽게 오른 길을 산양들은 가뿐히 넘어 다녔을 것이다. 순식간에 번진 불길을 용케도 피해 살아남았으니, 그보다 기특할 수 없는 아이들이다.

서울에 산양이 나타나다

산양도 봄철 보릿고개를 겪는다. 아직 새 풀이 나지 않아 지난 가을에 떨어진 갈잎만으로 버텨야 하는 이른 봄이다. 체력이 약하거나, 나이가 많거나 적은 산양은 이 시기를 버티지 못하고 폐사하기도 한다. 그런 시기에 대형 산불까지 발생했으니, 폐사 위험은 더욱 커졌다. 새싹이 날 때까지 매주 산양 서식지를 찾아 먹이를 공급하기로 한 건 이 때문이었다. 마른 잎이었기에 무게가 많이 나가지는 않았지만, 부피가 커서 지게에 짊어지고 나르는 모습이 힘센 장사라도 된 것 같았다.

우리의 노력이 보탬이 되었는지, 산양 폐사 건수는 전년도 같은 시기와 비교했을 때 크게 증가하지 않았다. 오히려 놀라운 결과도 있었다. 카메라 트랩 데이터를 분석한 결과, 산불 이후 산양 개체수가 오히려 늘어난 것이다. 다른 나라의 사례처럼 산불 이후 자라난 양질의 초본이 산양을 끌어들인 결과로 보였다. 다만, 이러한 효과가 얼마나 지속될지는 좀 더 지켜볼 필요가 있었다.

산양과 관련된 또 하나의 놀라운 이야기는 2018년 서울 용마산에서 산양이 발견된 에피소드다. 처음 소식을 접했을 땐 "서울에 산양이라니, 말도 안 돼" 하며 누가 착각한 것이라 여겼다. 그런데 제보된 사진을 보니 정말 산양이었다. 이후 시민 공모를 통해 '용마돌이'라는 이름을 얻게 된 이 수컷 산양은 산을 넘고 도로를 건너 마침내 서울에 보금자리를 잡았다. 도대체 이 아이는 어디에서 어떻게 오게 된 걸까?

서울에서 가장 가까운 산양 서식지는 경기도 포천이다. 하지만 2016년 해당 지역을 조사했을 때는 카메라 트랩에도 사진이 몇 장 찍히지 않았을 정도로 개체수가 적었다. 기껏해야 한두 마리에 그쳤을 것이다. 즉, 개체수가 증가해 경쟁에서 밀려 이동했다고 보기는 어려운 상황이었다. 아마도 용마돌이는 모험심이 매우 강한 산양이지 않았을까 추측만 할 뿐이다.

그런데 얼마 지나지 않아 또 다른 모험가 산양이 나타났다. 이번엔 서울 인왕산과 안산에서였다. 하지만 이 산양은 몇 주도 채 머무르지 않고, 슬며시 나타났던 것처럼 홀연히 사라졌다. 이후 북한산 북쪽인 사폐산을 비롯한 서울 곳곳에서 연이어 산양이 목격되자, 산양과 함께 살아가는 법을 더 많은 사람에게 알려야 할 것 같았다.

이를 위해 서울시와 논의를 하던 중 뜻밖의 현실을 마주하게 됐다. 서울시는 멸종위기 야생생물 I급이자 천연기념물인 산양의 등장을 마냥 반기기만은 어려운 듯했다. 산양이 도로로 내려갔다가 로드킬을 당하거나, 등산객과 예상치 못하게 충돌할 수도 있기 때문이다. 이런 상황에 책임을 져야 하는 입장에서는 신중해질 수밖에 없었다.

산양의 출현을 환영하지만은 않을 거라고 예상은 했지만, 기쁨보다 우려가 더 큰 듯한 모습에 조금은 놀랐다. 무엇보다 야생동물을 관리할 대상으로만 여기는 것 같아 안타까웠다. 멸종위기종으로 지정된 동물들은 당연히 보호를 받아야 하지만, 모든 개체를 일일이 관리하는 것은 현실적으로 불가능하다. "넘치면 모자람만 못하다"라는 말처럼, 관리의 의무가 너무 강조되면 개체를 통제하려는 방향으로 흐를 수밖에 없고, 결국 존재 자체가 부담으로 여겨질 수도 있다.

누군가는 수컷 혼자 사는 것이 안타까우니 다른 산양이 있는 곳으로 옮겨주자고 주장하기도 했다. 하지만 나는 한정된 인력과 예산을 고려했을 때, 개별 개체에 초점을 맞추기보다는 건강한 개체군을 형성하고 유지하려는 노력이 더 바람직하다고 설명했다. 자원이 충분하지 않은 상황에서 개별 개체에만 집중하다 보면 전체 개체군을 소홀히 하게 되고, 결국 '나무만 보고 숲을 잃는' 상황이 벌어진다. 그보다는 서식지

울진 산불 당시 불에 타버린 산양보호협회의 카메라 트랩.

철원에서 구조되었던 산양은 현재 '하이'라는 이름으로 청주동물원에서 건강하게 살고 있다.

2018년 서울살이를 시작한 산양 '용마돌이'. 중랑구와 동대문구의 불빛을 배경으로 조용히 모습을 드러냈다.

방금 식사를 마쳤는지
입가에 하이가 가장 좋아하는 상엽,
일명 뽕잎이 묻어 있다.

환경을 개선하는 등의 노력이 필요하다. 서식지와 개체군이 안정적이면, 폭설 같은 자연재해로 대량 폐사가 발생하더라도 회복할 여지가 생기기 때문이다.

한편, 꼭 필요한 경우가 아니라면 야생동물에게 먹이를 제공하는 일은 지양해야 한다. 겨울철 산양 먹이터에 나가 보면 고구마나 과일이 아무렇게나 널브러져 있는 경우가 많다. 사람들이 선의로 먹이를 준 것이다. 하지만 인위적으로 먹이가 제공될 경우 야생동물의 자연스러운 생태를 해치게 된다. 동물들이 음식 주위로 모이다 보니 질병 전파의 온상이 될 수 있고, 농작물에 익숙해진 동물들이 사람과 갈등을 빚을 위험도 커진다.

이 모든 활동은 결국 야생동물을 관리의 대상이 아닌 함께 사는 이웃으로 여겨야 제대로 이루어질 수 있다. 산양을 비롯한 대부분의 야생동물이 사람에게 먼저 접근하는 일은 드물다. 그래서 야생동물과 같은 공간에 살더라도 그들의 존재를 인지하지 못하는 경우가 많다. 나는 이러한 내용을 포함해, 우리가 새롭게 맞이한 이 이웃과 함께 사는 법을 알리는 교육의 장을 마련했다. 그리고 용마돌이가 사는 곳에 안내판을 설치해 그와 함께 살기 위해 지켜야 할 주의사항을 알렸다.

이는 우리가 이웃과 함께 살 때 지켜야 하는 기본적인 예절과 크게 다르지 않다. 우리는 이웃을 배려해 큰소리를 내거나 쓰레기를 함부로 버리는 행동을 지양한다. 이웃이 우리와 다르게 생겼다고 해서 신기하게 바라보거나 뒤를 쫓지도 않는다. 산양에게도 마찬가지로 행동하면 된다. 산양은 지나친 관심보다는 은근한 배려가 필요한, 그저 부끄러움이 많은 우리의 이웃일 뿐이다.

산러

Prionail
bengale

정확히 알려지지 않음.	LC 최소 관심	한반도, 만주, 극동러시아
개체수	IUCN 등급	사는 곳

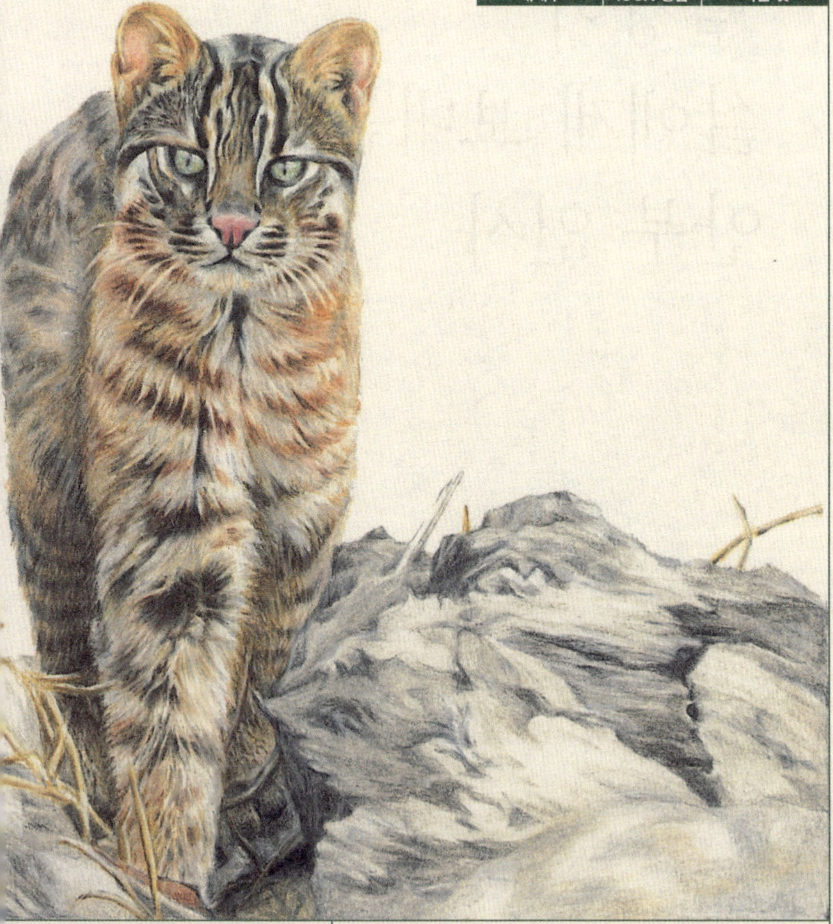

rus
sis

동아시아 전역에 널리 분포하며, 산림과 들판은 물론 민가 주변 등 다양한 환경에서 서식하는 기회적 포식자다. 주로 설치류와 조류 등을 사냥한다. 얼굴에 있는 세로줄을 통해 개체를 구분할 수 있으며 몸에는 희미한 반점이 있다. 외형이 고양이와 비슷해 구조된 새끼 삵이 유기동물 보호소에서 안락사당하는 해프닝도 있었다. 우리나라에서는 멸종위기 야생생물 II급으로 지정되어 있다.

'빨강이'
삶에게 보내는
안부 인사

생태원 식구들의 사랑을 한몸에 받으며 자라난 산양을 떠나보내야 할 시간이 왔다. 가파른 바위를 거침없이 뛰어오를 만큼 건강하게 자란 아이였지만, 너무 어릴 때 구조된 탓에 사람을 경계하는 본능은 자리 잡지 못했다. 많은 고민 끝에 우리는 산양을 자연의 품이 아닌, 청주의 동물원으로 보내기로 했다. 물론 전시용 좁은 철장이 아닌 센터보다 더 넓은 방사장이 마련되어 있으며 나무와 풀이 충분해 몸을 은신할 수 있는 공간이었다.

자연으로 돌아가지 못한 산양의 자리를 대신한 것은 삵

두 마리였다. 야생에서 구조된 어미가 동물원에서 낳은 자매였던 이들은 한 살이 조금 넘은 아이들이었다. 산양과 달리 사람의 손을 거의 타지 않았고 어미가 직접 키웠기 때문에 사람에 대한 경계심을 잘 갖고 있었다.

하지만 한국 동물원에서 태어난 삵이 야생에 돌아가 6개월 이상 생존하는 비율은 20퍼센트가 채 되지 않았다. 우리의 책임이 막중했다. 두 생명이 온전하게 야생으로 돌아갈 수 있도록, 센터 내 두 팀이 머리를 맞댔다. 수의사가 속한 팀은 방사 전까지의 야생화 훈련을, 우리 팀은 방사 이후의 모니터링을 맡기로 했다. 마침 남편이 수의사가 속한 팀에 있었기에, 방사 전 진행 상황을 가까이에서 지켜볼 수 있었다.

야생으로 떠난 삵의 안부가 궁금할 때

삵 자매는 GPS 위치 추적기를 목에 단 채, 조금 마른 상태로 센터에 도착했다. 도착 전 우리는 그들이 은신할 만한 공간을 곳곳에 마련하고, 카메라 트랩을 설치해 두 아이가 잘 적응하는지 확인할 수 있게끔 했다. 이들의 공식 명칭은 알파벳과 숫자가 길게 이어진 코드였지만, 우리는 GPS에 부착한 테이프 색깔에 따라 편의상 '빨강이'와 '노랑이'라 불렀다.

우리의 목표는 분명했다. 이들이 홀로 살아갈 수 있도록 충분히 살을 찌우고 사냥 훈련을 시키는 것. 훈련은 청주 동물원에서부터 조금씩 시작되었다. 삵은 포유류뿐 아니라 개구리, 도마뱀 등 다양한 먹이를 먹는 유연한 식성의 소유자다. 둥글고 귀여운 얼굴과 달리, 맹수의 본능을 지닌 사냥꾼이어서 종종 자신보다 몸집이 몇 배는 큰 두루미를 쓰러뜨리는 장면이 카메라에 담기기도 했다.

우리는 삵이 자연에서 마주할 법한 다양한 먹이를 맛보게 했고, 날렵하게 사냥하는 법도 익힐 수 있도록 했다. 빨강이와 노랑이는 그런 훈련을 마치 놀이하듯 즐겼고, 특유의 유연함과 민첩함을 유감없이 발휘했다. 그렇게 두 달이 흐른 뒤 마침내 이들을 밖으로 내보낼 시점이 되었다. 이처럼 야생동물에게 야생과 유사한 환경을 제공하고, 그들이 적응됐다고 판단될 때 자연에 나가 살도록 유도하는 방식을 '단계적 방사' 혹은 '연방사soft release'라고 한다.

자매가 밖으로 나갈 방법은 두 가지였다. 두 개의 문을 통과할 수도 있었고, 첫 번째 문을 지나 두 번째 방사장의 낮은 울타리를 뛰어넘을 수도 있었다. 그런데 첫 문이 열리고 며칠이 지나도록 떠날 기미가 보이지 않았다. 우리는 조마조마한 마음으로 그 모습을 지켜보았는데 우리의 우려를 눈치라도 챈 것처럼 2023년 8월 27일, 빨강이가 먼저 담을 넘어 자유를 찾아 떠났다. 그리고 다음 날, 두 번째 문이 열리자 노랑이도 10여 분의 망설임 끝에 조심스레 밖을 향해 첫발을 내디뎠다.

무사히 방사가 되었으니, 이제 우리 팀이 이들을 쫓을 차례였다. 이론상으로는 우리가 굳이 삵을 쫓을 필요가 없다. 삵의 목에 달린 GPS 위치 추적기가 하루에 여섯 번, 네 시간에 한 번씩 이들의 위치를 보내주어야 하기 때문이다. 하지만 이론과 현실은 다르다. 우거진 숲처럼 하늘이 막히거나 다른 방해 요인이 있으면 신호가 쉽게 끊겼다. 열흘간 아무 신호가 없다가, 하루 만에 연달아 데이터가 들어온 적도 있다. 그래서 사무실에 앉아 신호를 기다리기만 할 수 없었다. 처음 걸음마를 뗀 아이를 두고 한눈팔 수 없는 것처럼, 우리도 삵의 상황을 더 가까이에서 지켜봐야 했다.

내 몸의 절반 크기에 달하는 커다란 수신기를 어깨에 멘 채, 마지막 신호 지점을 중심으로 자매의 흔적을 쫓았다. 두 자매가 함께 다녔다면 참 좋았겠지만 삵은 단독 생활을 하는 동물이기 때문에 그럴 확률은 극히 낮았다. 아니나 다를까 자매는 서로 다른 선택을 했다. 먼저 집을 나간 빨강이는 센터 주변을 배회했다. 혹시라도 센터 내에서 로드킬을 당하지 않도록 전 직원에게 서행 운전을 당부했다. 빨강이는 센터 구석구석을 신출귀몰하게 돌아다녔기에, 어느 정도 탐색이 끝나면 센터 안에 자리를 잡아도 좋겠다고 생각했지만, 이곳이 빨강이의 마음에 그리 들지는 않았던 모양이다. 결국 빨강이는 몇 주 후 센터를 떠나 근처 하천에서 머물다 아랫마을로 내려갔다.

　빨강이보다도 조심스럽게 센터를 나갔던 노랑이는 언제 센터에 있었냐는 듯 대범하게 산을 넘어 윗마을로 이주했다. 그러다 어느 날, 노랑이의 신호가 뚝 끊겼다. 하필 내가 추적을 나간 날이었다. 안테나를 이리저리 돌려가며 밭과 밭 사이를 정신없이 누비고 다녔지만 아무 신호도 잡히지 않았다. 두 시간이면 끝날 일이 네 시간 넘게 이어지자 초조함이 밀려왔다. 그래도 개체의 죽음을 의미하는 모털mortal 신호가 뜨지 않았으니 최악의 상황은 아니라고 스스로를 다독이며 다음날을 기약했다.

　다행히 조금 떨어진 건너편 산에서 노랑이의 위치가 다시 확인되었다. 노랑이는 윗마을의 밭과 산을 종횡무진으로 돌아다녔다. 하지만 기쁨은 오래가지 못했다. 노랑이가 자유를 찾아 나선 지 한 달이 채 되지 않은 9월 26일, 군청에서 한 통의 연락이 왔다. 길가에 쓰러져 있는 노랑이의 사진이 함께 전송되었다. 떨어져 나간 위치 추적기에 감긴 노란 테이프는 그 아이가 노랑이라는 걸 말해주고 있었다. 전날까지도 노랑이가 무사한 것을 확인하며 이제 야생에 잘 자리를 잡은 것 같다고 동료들과 이야기를 나눈 참이었기에, 그저 황망한 기분이었다. 눈으로 보고도 죽음이 도무지 실감 나지 않았다.

　팀원들이 제보 지점에서 노랑이와 위치 추적기를 인계받아 돌아왔다. 곧바로 부검이 진행되었고, 사냥에 일가견이 있었던 노랑이의 위에는 쥐, 개구리, 뱀 등 먹이가 가득 차 있었다. 사인은 충돌로 인한 다발성 골절이었다. 야생에서 잘 적응해 살고 있었지만, 결국 로드킬을 피하지 못한 것이다.

　2022년 기준 6만 3000건이 넘는 로드킬이 발생한다는 내용의 기사를 읽었을 때는 그저 많은 수라고 생각했을 뿐이었다. 노랑이가 로드킬로 짧은 생을 마감한 모습을 보고서야 비로소 그 의미를 실감하게 되었다. 인구수가 가장 적은 내륙 지자체인 영양에서도 로드킬은 피할 수 없는 현실이었다. 과연 이 땅에 야생동물들이 안전하게 살아갈 곳이 남아 있긴 한 건지, 그들을 위해 당장 무엇을 할 수 있을지 고민이 깊어졌다.

빨강아, 건강하게 잘 지내렴

　노랑이는 세상을 떠났지만 빨강이는 어딘가에 살아 있었기에 우리의 추적은 계속되었다. 그 무렵은 삵이 야생에 방사된 이후 가장 많이 목숨을 잃는다는 '마의 3개월' 시점이었다. 자주 드나들던 밭에서 추수가 이루어지자 빨강이는 은신처를

방사하기 전 설치류 사냥 훈련을 받던
삵의 모습이 카메라 트랩에 담겼다.

방사한 빨강이와 노랑이를
찾는 현장에서 수신기로
그들의 위치 신호를 받고 있다.

잃어버렸다. 결국은 과수원으로 자리를 옮겼는데, 하필 그 시점에 GPS 신호가 잡히지 않아 한동안 빨강이의 흔적을 찾을 수 없었다.

그리고 곧, 수신기에서 전압이 낮다는 경고가 울렸다. 그 알림은 몇 주간 계속되다가, 끝내 완전히 끊겨버렸다. 원래대로라면 1년 정도 버텨줘야 하는 배터리의 수명이 설정값을 자주 변경한 탓에 대폭 줄어든 것이다.

여기에는 노랑이의 죽음이 영향을 미쳤다. 그 사건을 계기로 배터리 수명을 아끼기보다는 최대한 많은 정보를 얻는 편이 낫다고 판단해 좌표 전송 주기를 두 시간으로 줄였기 때문이다. 우리는 희망을 잃지 않고 사전에 설치해 둔 카메라로 추적을 계속해 나갔다.

그리고 11월 28일, 마치 생존 신고라도 하듯 빨강이가 센터로 돌아왔다. 방사장에 남아 있던 카메라에 빨강이의 건강한 모습이 담겨 있었다. 그리고 한 달 뒤인 12월 28일 센터 밖에 설치한 카메라에 다시 빨강이가 포착되었다. 여전히 또렷한 눈빛과 날랜 몸짓을 자랑하던 빨강이의 모습이 마치 다사다난했던 한 해를 마무리하는 선물처럼 느껴졌다. 우리가 자신을 얼마나 반가워하는지 눈치라도 챘던 걸까? 얼마 지나지 않은 2024년 1월 26일, 빨강이는 마치 새해 인사를 건네듯 다시 우리 앞에 나타났다. 빨강이는 지금도 생태원 주변을 자유롭게 누비고 있을 것이다. 빨강이가 이 땅을 살아가는 자유를 더 오래도록 누릴 수 있기를 간절하게 소망해 본다.

4장

용기에 관하여

흔들리며 나아갈

걷는 길 함께 오래

나의
작은
디딤돌

"여기가 화장실을 이용할 수 있는 마지막 장소입니다."

라오스의 수도 비엔티안에서 남엣푸루이로 향하던 차 안, WCS 라오스 지부장이 사뭇 비장한 표정으로 일행들에게 말했다. 그 이후로 차량은 몇 번 정도 갑작스럽게 정차했는데, 그때마다 우리 중 누군가는 다급히 뛰쳐나갔다. 급한 대로 풀숲에서 용변을 해결하기 위해서였다.

인도네시아에는 비록 열악하긴 하지만 그래도 화장실이라 부를 수 있는 공간이 있었다. 하지만 라오스에서는 그마저도 사치였다. 지부장은 사전에 "화장실이 없는 곳이 있다"라고 언질을 주었지만, 나는 그 말을 '화장실이 있는 곳도 있다'는 뜻으로 받아들였다. 사람들이 다급히 풀숲에 다녀오는 모습을 보고 나서야 현실을 깨달은 나는 그 후 남엣푸루이까지 이어지는 아홉 시간의 여정 동안 물 한 모금도 마음 편히 먹지 못했다.

라오스에서 머무는 내내 나는 자연과 하나가 되는 경험을 해야 했다. 처음 며칠은 너무 낯설고 당황스러웠다. 하지만 그것도 잠시뿐이었다. 금세 거기에서 나고 자란 사람처럼 익숙하게 화장실로 쓸 만한 눈에 띄지 않는 지형을 살피는 나를 발견하고는 헛웃음을 짓곤 했다. 마을 주민들 말로는 개들이 사람의 대변을 먹는다고 했는데, 정말로 마을마다 개가 눈에 많이 띄었다.

어느 지역이든 화장실은 문제였고, 중국 역시 예외는 아니었다. 공용 화장실엔 문이 없었고, 성별 구분도 따로 없었다. 당연히 수세식은 아니었다. 마을에서 활동을 마치고 해가 질 무렵 읍내 숙소에 도착해서야 비로소 문이 달린 화장실을 이용할 수 있었다. 수분이 많은 음식을 최대한 피하면서, 저녁이 되기를 기다리는 게 그나마 가장 마음이 편하고 탈이 없는 방법이었다.

탄수화물 중독의 위기

보전 활동을 위해 낯선 땅을 찾을 때마다 '의식주'라는 말의 무게를 실감하게 된다. 평소에 당연하게 여기던 것들이 하루아침에 생존을 위협하는 요소가 될 수 있음을 현장에서 깨닫는다. 화장실에 이어 연구자들을 곤란하게 만드는 또 다른 요소는 음식이었다. 단순히 입맛의 문제를 말하는 것이 아니다. 음식은 지역의 문화·영양·위생 등 다양한 요소와 관련되어 있으며, 특히 낯선 음식을 거부하면 주민들과 소통에 벽이 생길 수 있기 때문에 연구자라면 현지 음식에 잘 적응할 필요가 있다.

다행히 나는 인도네시아, 벨리즈, 중국, 러시아의 지역 음식에는 거부감을 거의 느끼지 않았다. 심지어 주는 대로 넙죽넙죽 잘 먹는다고 현지인들의 귀여움을 받기도 했다. 인도네시아에서는 하루에 다섯 끼를 먹기도 했다.

하지만 라오스에서만큼은 이야기가 달랐다. 찐 찹쌀밥을 불에 구운 고추와 MSG를 섞어 빻은 가루에 찍어 먹는 것이 연구지 지역주민들의 주된 식사였는데, 야채나 고기는 구경조차 힘들었고 어쩌다가 죽순을 쪄 먹는 것이 유일한 만찬이었다. 그 외에는 쌉쌀한 맛이 강한 넝쿨식물이 고작이었다. 계속 이렇게 먹다가는 탄수화물 중독으로 죽을 수도 있을 것 같았다.

실제로 라오스는 주변 국가들에 비해 영아사망률이 현저히 높은 나라다. 생후 한 달도 되지 않은 신생아들이 찹쌀밥만 먹곤 했으니, 영양 부족을 피할 수 없었을 것이다. 라오스에 머문 시간은 5개월 남짓이었는데, 연구를 포기하지 않으려면 밖에서 음식을 공수해 와야 했다. 그래서 잠깐이라도 읍내에 나갈 일이 생기면 예외 없이 가장 큰 가방을 챙겨 가 건어물과 고추장, 통조림 식품을 가득 채워 돌아오곤 했다.

음식만큼이나 중요한 것은 백신과 보건이다. 나라마다 요구하는 백신이 제각각이라 철저한 사전 준비가 필요했는데, 인도네시아에 가기 위해서는 무려 다섯 가지 주사를 맞아야 했다. 또한, 열대지역에서는 절대로 길에서 파는 음료나 위생 상태가 불분명한 음식을 함부로 먹어서는 안 된다. 사소해 보이는 일들이지만 한 번의 방심이 큰 후회를 부를 수 있다.

이 외에 현지 주민과 신뢰를 쌓기 위해서는 외모와 태도 또한 중요하다. 인터뷰를 진행할 때 위화감을 주지 않도록 최대한 소박하고 단정한 복장을 선택해야 하는데, 나는 청바지와 셔츠, 혹은 현지 의상처럼 주민들에게 익숙한 스타일을 고수하곤 했다.

일촉즉발 보전 현장

전 세계를 누비며 보전 활동을 하다 보면 일상생활의 불편함쯤은 대수롭지 않게 여기게 된다. 신변에 위협을 느낄 만한 일들이 곳곳에 도사리고 있었기 때문이다. 2010년, 러시아 우수리스크 자연보호구역에서 러시아 측 정찰대원과 함께 호랑이 흔적을 쫓으며 산을 탄 적이 있었다. 정찰대원은 우리보다 훨씬 수월하게 호랑이 흔적을 발견하곤 했는데, 그날도 예외는 아니었다. 눈앞에 선명히 찍힌 커다란 발자국이 나타났다. 내 손만 한 크기로 보아, 수컷 호랑이의 것임이 분명했다. 근처에 설치된 카메라 트랩 영상을 확인해 보니 호랑이 지나간 지 채 한 시간이 되지 않은 듯했다.

"호랑이가 반경 1킬로미터 내에 있을 거 같은데…."

"그럼, 우리를 이미 봤고 느꼈다는 거네요. 플레어건(조명탄)하고 총은?"

"차에 두고 왔어."

난생처음 팔의 솜털이 바짝 서는 걸 느꼈다. 일행 모두 숨을 죽이며 주변을 살폈고, 조심스럽게 차로 이동했다. 무사히 차에 타고 나니 안도감이 몰려오며 좀 더 정확한 상황 판단이 되었다. 호랑이와 마주칠 수도 있는 상황이었다. 하지만 야생동물을 보호하려면 최대한 그들과 마주치지 않는 것이 좋다.

그저 그들이 저 멀리 어딘가 인간의 손이 닿지 않는 곳에서 안전하게 살아가기를 바랄 뿐이었다.

그런데 현장에서 가장 경계해야 할 존재는, 아이러니하게도 동물이 아니라 사람일 때가 많았다. 특히 인도네시아에서는 경제권을 지배하던 화교와 원주민 간 극심한 갈등으로 인해 살인과 강도 등 중범죄가 빈번하게 일어났는데, 나는 외모상 화교로 오인될 가능성이 컸다. 심지어 밀렵꾼들의 총에 맞아 죽는 과학자들도 있었기에 학교에서는 절대로 혼자 다니면 안 된다는 당부를 거듭했다.

다행히 밀렵꾼들에게 위협을 받은 적은 없지만, 생각하면 지금도 등골이 서늘해지는 기억은 있다. 벨리즈에서 설문조사를 마치고 멕시코를 거쳐 영국으로 돌아가던 길이었다. 국경을 넘는 버스에서 내가 유일한 외국인 승객이었다. 입국 심사 과정에서 유독 내 심사 시간이 길어지자 다른 승객들이 불만을 터뜨렸다. 그러자 버스 기사는 내 짐을 길바닥에 내려놓고 그대로 떠나버렸다. 뒤돌아보니 먼지가 풀풀 날리는 도로 한가운데, 내 배낭만 덩그러니 남아 있었다.

너무 황당한 나머지 헛웃음만 나왔다. 비행기 시간을 맞추려면 당장 차를 타야 했지만, 우범지대에 나 혼자였다. 납치범의 표적이 되기에 완벽한 조건이었다. 입이 바싹 마르기 시작했다. 심지어 난데없는 비까지 내렸다. 흐려지던 정신을 어떻게든 붙잡고 보니 남은 방법은 하나, 히치하이킹뿐이었다.

그렇다고 아무 차나 탈 수는 없었다. 반드시 택시, 그중에서도 여성 승객이 타고 있는 차량을 기다리기로 했다. 간절한 손짓과 눈빛을 보낸 끝에, 마침내 택시 한 대가 멈춰 섰다. 차 안은 이미 짐과 사람으로 가득했지만, 나의 다급한 표정을 읽은 승객들이 뒷좌석에 겨우 몸을 구겨 넣을 공간을 내어주었다. 그런데 상황을 설명하려고 보니, 영어가 통하는 사람이 한 명도 없었다. 말 그대로 설상가상이었다. 몸짓언어로는 역부족이었기에 가방에서 공책과 볼펜을 꺼내 비행기와 버스를 그렸고, 그들은 그제야 상황을 이해한 듯 공항버스를 탈 수 있는 정류장까지 나를 데려다주었다. 결국 무사히 그곳을 벗어날 수 있었지만, 인도네시아에서 겪은 화산 폭발도 그날의 그 길 위에서 벌어진 일만큼 공포스럽지는 않았다.

그럼에도 보전 활동은 계속된다

화장실을 찾아 들판을 헤매고 일주일 내내 찐 찹쌀밥만 먹으며, 온갖 곤충과 사투를 벌였다. 하지만 가장 힘든 순간은 중국에서처럼 프로젝트 실행을 눈앞에 두고 쫓겨나듯 철수할 때였다. 그런 순간에는 어김없이 '여기까지인가' 하는 생각을 해야 했다. 하지만 끝내 이 일을 포기하지 않을 수 있었던 힘은 늘 예상 밖의 순간에서, 언제나 '사람'에게서 왔다.

"네 말을 다 알아들을 수는 없지만 그래도 널 믿고 있어. 할 수 있는 최선을 다해 너를 도와줄 거야."

훈춘 보호구역의 주민이 건넨 한 마디는 힘겨웠던 중국의 현실에 좌절했던 나를 일으켜주었다. 내 활동의 의미를 진심으로 이해해 주는 사람들을 만났을 때가 어떤 성취를 이루었을 때보다 기뻤다.

언젠가 영국에서 표범을 보전 활동을 하는 과학자 조 쿡 Jo Cook이 비슷한 이야기를 들려주었다.

"표범 보전은 너무 어려워. 몇 년간 쏟아부은 노력이 한 순간에 물거품이 되기도 해. 그럴 때는 '이제는 정말 그만둬야겠다' 생각하는데, 그 순간 거짓말처럼 실낱같은 희망이 보이는 거야. 그러면 또다시 거기에 매달려서 조금씩 앞으로 나아가게 돼."

나 역시 그렇게 여기까지 왔다. 절망과 좌절 그리고 실낱같은 희망의 순간을 디딤돌 삼아 강을 건너고 있다. 거센 물살 위를 건너다가, 잠길 듯 말 듯 한 위태로운 작은 돌 하나라도 만나면, 그 돌에 조심스럽게 발을 디딘다.

그럼에도 생각이 복잡하고 마음이 흔들릴 때는 데일 박사가 내게 해준 말을 떠올린다.

"명예를 얻는 건 중요한 게 아니야. 네가 하려는 일이 호랑이 보전에 도움이 되는 일인지 아닌지만 생각해. 로고가 들어가는지 아닌지, 이름이 알려지는지 그렇지 않은지는 그다음 문제야."

'이 일이 정말 표범과 호랑이를 지키는 데 도움이 되는가?'

이 질문의 대답이 '예스'라면, 나머지 고민들은 내가 감당해야 할 몫이 된다. 복잡했던 마음이 단순해지고, 어떤 선택을 내려야 할지가 분명해진다. 그러면 다시 용기라는 작은 불씨를 품을 수 있게 된다.

어떻게
함께
살 수 있을까

생물다양성을 보전하는 일은 집을 지을 때 철근으로 뼈대를 구축하는 작업에 비유할 수 있다. 겉으로는 보이지 않지만, 뼈대가 튼튼하게 유지되지 않으면 집 전체가 무너질 수 있는 것처럼 야생동물의 멸종 역시 생태계 전체에 큰 영향을 미친다. 그만큼 종 하나하나가 중요하다는 뜻이다. 다만 영향이 얼마만큼인지 정확히 알기는 어렵다. 미국 옐로스톤 국립공원의 생태계 복원 사례를 보면 그 사실을 좀 더 가깝게 느낄 수 있다.

14마리의 늑대가 가져온 놀라운 변화

 19세기까지 옐로스톤 국립공원에는 불곰과 늑대를 비롯한 다양한 대형 동물들이 자유롭게 서식하고 있었다. 그러나 20세기 들어 본격적인 목축이 시작되면서 인간은 가축을 해친다는 이유로 이들을 무차별적으로 사냥했고, 결국 수많은 대형 동물이 사라지거나 멸종위기에 처하게 되었다.
 그중에서도 회색늑대는 완전히 사라졌다. 최상위 포식자가 사라지자 먹이사슬상 그 아래 단계에 있는 엘크 등의 개체수가 폭발적으로 증가했다. 이들의 먹이 경쟁이 과도해지면서 옐로스톤 국립공원의 나무들은 서글픈 단발머리가 되었으며, 심지어 많은 식물이 다 자라기도 전에 전부 뜯겨버렸다. 생태계의 균형이 무너진 것이다.
 절망적인 상황을 극적으로 변화시킨 것은 고작 14마리의 늑대였다. 늑대를 들여오자 엘크 등 대형 초식동물이 이들을 경계하는 탓에 전처럼 심하게 식생을 훼손하기 어려워졌다. 그 결과 나무가 다시 풍성하게 자라기 시작했다. 나무의 뿌리가 튼튼해지면서 토양 침식이 줄어들고 개울이 복구되었으며, 고향을 떠났던 어류와 조류, 파충류가 습지로 돌아왔다. 또한 늑대가 사냥한 먹이를 곰이 주워 먹으며 공존하는 등 생태계 전체가 풍성해졌다. 정말이지 눈으로 보고도 믿기 어려운 놀라운 결과는 지금까지도 전설 같은 이야기로 회자되며 보전생물학자들에게 큰 희망을 주고 있다. 그로부터 30여 년이 흐른 지금 옐로스톤의 늑대 개체수는 120마리까지 늘었다.

옐로스톤 국립공원의 사례는 망가진 먹이사슬을 회복해 생태계를 되살리는 '재야생화rewilding' 프로젝트의 대표적인 예시다. 우리나라에서는 재야생화의 의미를 단순히 '동물 재도입' 정도로 축소하는 경우가 있는데, 이는 보다 근본적인 차원에서 생태계 복원을 의미한다. 옐로스톤의 재야생화 프로젝트에서 특히 주목할 점은 인간의 개입을 최소화했고, 그 덕분에 늑대가 상위 포식자로서 본래의 역할을 온전히 수행했다는 점이다.

이를 통해 우리는 인간이 생물다양성을 위협할 수 있는 만큼 회복하는 데에도 중요한 역할을 할 수 있다는 결론에 이르게 된다. 우리 세대는 생태계라는 젠가 탑을 특히 겁 없이 흔들어왔다. 그 결과 현재 800만여 종으로 이루어진 이 탑에는 구멍이 숭숭 뚫려 있다. 게다가 원래 수가 얼마였는지를 정확히 알 수 없기에 현재가 얼마나 위태로운 상황인지도 파악하기 어렵다. 분명한 사실은 두 가지뿐이다. 하나는 우리가 더 이상 탑을 위험하게 만들어서는 안 된다는 것이고, 다른 하나는 그러기 위해서는 우리의 관점이 바뀌어야 한다는 것이다.

공유지의 비극을 막기 위한 사전예방원칙

이제 우리는 야생동물을 관리하거나 이용할 대상이 아니라, 우리와 더불어 살아가는 존재로 받아들여야 한다. 이웃과 함께 살기 위해 약간의 불편함은 참고 배려하듯, 도로를 건너는 개구리와 맹꽁이를 위해 잠시 차를 멈추는 너그러움을 가지자는 의미다.

또한 지구 생태계를 구성하는 모든 생명체를 공유재산으로 바라보는 인식이 필요하다. 생태계는 어느 누구의 소유가 아님에도 여전히 우리 사회에는 야생동물에게 가격을 매길 수 있다거나 인간의 삶에 도움이 되는 동물만 보호할 가치가 있다는 의식이 팽배하다.

예를 들어, 삵을 보호해야 한다는 논의에서도 삵의 본질적인 가치보다는 그들이 인간에게 얼마나 유익한지를 강조하는 경우가 많다. 삵이 얼마나 많은 쥐를 잡아 인간에게 도움이 되는지를 근거로 보전의 필요성이 제기되는 식이다. 그러나 인간의 이익과 효용성에만 초점을 맞춘다면, 생태계 전체의 균형을 고려하지 않은 근시안적인 접근이 될 수밖에 없다.

그 결과는 '공유지의 비극'이라 불리는 문제로 이어질 수 있다. 이는 개인이 자신의 이익을 우선시한 나머지, 공동 자원이 고갈되는 상황을 뜻한다. 예를 들어 마을의 초원을 주민들이 공동 목초지로 사용할 경우, 사람들이 경쟁적으로 가축을 풀어놓으면서 초지가 금세 황폐해질 수 있다. 공유지에서 얻는 이익은 개인에게 직접 돌아가지만 공유지가 훼손되어서 생기는 피해는 모두에게 분산되기 때문에 일어나는 문제인데, 오늘날 산림 파괴·대기 오염·남획과 같은 생태계 문제는 모두 이러한 '공유지의 비극'에 해당한다.

공유지의 비극을 막기 위해서는 결국 사전 예방만이 대안이다. '사전예방원칙Precautionary Principle'은 환경 문제를 공부하는 학생들이 가장 많이 듣는 단어 중 하나다. 환경은 한번 망가지면 복구를 장담하기 어려우며, 복구 비용 또한 천문학적일 수 있다. 따라서 환경 문제가 야기할 결과가 명확하지 않을 때조차 선제적인 조치를 해야 한다는 뜻에서 이 원칙이 강조되고 있다. 이는 환경 문제를 대하는 유럽연합EU의 기본 원칙이기도 하다.

생태계는 그 가치를 정확히 측정하거나 변화를 예측하기 어렵다는 점을 고려할 때, 사전예방원칙은 합리적이며 미래 세대를 위한 장기적인 접근이라 할 수 있다. 이것이야말로 오늘날의 생태계와 환경 보전을 위한 가장 확실한 방안이라고 생각한다.

ESG 경영에서 생물다양성 보전이 중요한 이유

전 세계적으로 기업들의 ESG 경영이 빅트렌드가 된 지도 20년이 지났다. 환경Environment, 사회적 책임Social, 윤리적 지배구조Governance를 고려한 기업 운영 방식을 의미하는 ESG는 기업이 이윤 추구를 넘어 지속 가능한 방식으로 운영되어야 한다는 생각을 반영한다. 이 용어는 2004년 유엔 글로벌 콤팩트UNGC가 발표한 보고서에서 처음 등장한 이후 금융 투자 원칙으로도 강조되면서 오늘날 기업 경영에 큰 영향을 미치고 있다.

이후 2017년, 기후변화와 관련된 재무정보공개 협의체인 TCFD(Task Force on Climate-related Financial Disclosures) 권고안이 발표되면서 기업들은 본격적으로 친환경 경영에 힘을 쓰기 시작했다. TCFD는 기업에 기후변화와 관련된 리스크와 기회 요인을 분석하고, 지배구조·전략·리스크 관리·지표 및 목표치라는 네 가지 항목을 공개하도록 권고한다. 기업이 기후변화로 인한 위험과 기회를 조직의 의사결정에 반영하도록 유도하는 것이다. 이와 더불어 각국의 정부는 탄소 배출을 줄이는 기업에 혜택을 주고 있으며, 탄소 배출권 자체가 비용이기 때문에 기업들도 이에 적극적으로 대처할 수밖에 없다.

하지만 대중의 인식과 마찬가지로, 많은 기업이 생물다

양성에 대해서는 기후변화만큼 책임감을 느끼지 않는다. 생물다양성을 위한 조치는 기후변화 대응만큼 경제적 가치를 명확하게 수치화하기 어렵다는 점도 무시할 수 없는 원인이다. 예를 들어, 400헥타르의 숲을 조성하는 경우 얻을 수 있는 탄소 저감 효과는 수치화할 수 있지만, 같은 면적의 서식지를 보호하더라도 동식물 개체수의 증가율이나 생물다양성의 변화는 정확히 측정하기 어려울 뿐더러 측정하는 데 오랜 시간이 걸린다. 늘 이동하고 숨는 동물들을 데이터화하는 일이 그만큼 쉽지 않기 때문이다. 이러한 이유로 성과를 명확한 수치로 보여주기를 요구하는 기업들에게 생물다양성 보전을 위한 지원을 적극적으로 요청하기란 어려운 일이다.

그럼에도 불구하고 희망적인 점은 생물다양성이 기업의 ESG 경영에서 점차 중요한 이슈로 부상하고 있다는 사실이다. 각종 글로벌 지속 가능성 공시 기준은 생물다양성 관련 항목을 강화하고 있다. 2023년에는 유엔 주도로 기업들의 생물다양성 평가와 공시를 독려하기 위한 자연 관련 재무정보 공개 협의체 TNFD(Task Force on Nature-related Financial Disclosures) 최종 권고안이 발표되었다. TCFD가 기후변화에 대한 리스크를 평가하고 관리하는 데 초점을 맞춘다면, TNFD는 더 폭넓은 자연 관련 리스크를 체계적으로 평가하고 관리하고자 한다. 기업이 생물다양성과 관련한 위협과 기회를 인식하고, 이를 경영 전략에 반영할 책임이 커졌다는 뜻이다.

또한 2024년부터 시행된 유럽의 기업 지속 가능성 의무 공시 기준인 ESRS(European Sustainability Reporting Standards)는 기후변화와 환경오염 등 다섯 가지 환경 주제 중 하나로 생물다양성 및 생태계를 다루고 있다. 그에 따라 다양한 워크숍과 세미나가 진행되고 있으며 이에 관련해서 주목할 기업들의 활동도 늘어나고 있다.

우리나라에서는 에쓰오일s-OIL의 활동이 참고할 만하다. 에쓰오일은 2010년 한국민물고기보존협회와 '천연기념물 어름치 보호 캠페인' 협약을 맺은 이후 1980년대에 멸종된 어름치를 복원하는 활동을 17년째 후원하고 있다. 이 외에도 수달·두루미·장수하늘소·남생이를 보호종으로 선정해 개체수 증대와 서식지 보존 활동을 펼치고 있다. 일부에서는 이를 두고 석유화학 그룹이 반환경적 경영 활동의 면죄부를 얻으려 한다며 비판하기도 한다. 진정성 차원에서 논란이 될 만하지만, 나는 참여 자체가 변화를 위한 과정이라고 생각한다. 더 많은 기업이 생물다양성 보전을 위한 활동에 나서주길 바랄 뿐이다.

지구를 위해
누구나
할 수 있는 일

"기후 문제는 이미 우리 손을 떠났으며 무엇을 해도 돌이킬 수 없다."

영국 유학 시절부터 지금까지 계속해서 듣는 말이다. 기후 위기가 날로 심각해지고 있으며 이를 늦추거나 되돌리는 데 막대한 시간과 노력이 필요한 것은 사실이다. 하지만 자포자기할 정도로 늦지는 않았다. 더 재앙적인 결과를 막기 위해서라도 온실가스 배출을 줄이려는 노력은 계속되어야 한다.

환경 문제에는 복잡한 이해관계가 얽혀 있다. 그래서 이를 논할 때는 극단적인 사고가 아닌 균형 있는 태도가 필요하다. 환경 보호가 최우선이어야 한다는 주장도 있지만, 경제와 사회, 기술적 요소를 무시한 채 환경만 우선시하는 접근은 현실적이지 않다. 지속 가능한 해결책의 핵심은 환경 보호와 경제적 발전이 조화를 이루도록 설계하는 것이다. 새로운 일자리와 경제적 기회를 창출하는 친환경 기술과 산업의 사례들처럼, 환경 보호가 사회적 부담에서 그치지 않고 장기적 관점에서 이익이 될 수 있도록 여건을 마련해야 한다.

또한 단기적인 성과에만 집중하며 환경 문제에 접근하려는 시도를 경계해야 한다. 환경 문제는 일회성 캠페인이나 단기 프로젝트로 해결되지 않는다. 때로 거대한 문제 앞에 개인적인 실천이 무의미하게 느껴질 수 있다. 하지만 큰 변화는 결국 매일의 작은 습관이 모여 만들어진다. 중요한 것은 그 실천이 얼마나 오래 지속되는지이다.

환경 보호에 관한 편견 A to Z

환경 문제에 대한 대중의 관심이 커지는 것은 분명 반가운 일이지만, 특정 이슈나 관점에만 집착하는 태도는 위험하다. 예를 들어 기후변화와 생물다양성 중 어느 것이 더 중요한

지 따지는 논의는 마치 우리 몸에서 심장과 폐 중 어느 것이 더 중요한지 따지는 일과 같다. 둘은 서로 영향을 주고받으며, 하나가 무너지면 다른 하나도 위태로워진다.

환경 문제는 특별히 장기적인 안목으로 접근할 필요가 있다. 트렌드처럼 번지는 환경 캠페인은 일시적인 주목을 받지만, 도리어 심도 깊은 논의를 방해할 수 있다. 정책적 측면에서도 기업의 지속적인 참여를 이끌어내는 데 효과적이지 않다. 이 때문에 그린워싱greenwashing이라는 말이 생겨났다. 환경 보호를 진정성 있게 실천하기보다 기업의 이미지 제고를 위한 마케팅 수단으로 활용하는 사례가 늘어난 것이다.

그 밖에 환경을 둘러싼 잘못된 상식들도 바로잡아야 한다. 예를 들어, '나무를 심으면 생물다양성이 증가한다'라는 단순한 인식은 좀 더 깊이 생각해 볼 필요가 있다. 물론 나무를 심는 것이 심지 않는 것보다는 바람직하다. 그러나 단일종을 집중적으로 심다 보면 오히려 나무가 질병, 해충, 산불 등에 더 취약해질 수 있다. 식목일을 맞아 나무를 심을 때 다양한 수종을 고려하되 지역 생태계에 적합하지 않은 종은 피하는 것이 생물다양성을 확보하는 데 더 효과적이다.

이와 유사하게 '많을수록 좋다'는 생각도 위험할 수 있다. 생태계에서 중요한 것은 균형이며, 단순히 개체수를 늘리는 것만이 정답은 아닐 수 있다. 예를 들어 외래종을 무분별하게 도입하면 오히려 생태계가 위협받을 수 있다. 대표적인 외래종인 황소개구리는 생태계의 상위 포식자에 해당하는 조류나 포유류까지 공격하며, 기존의 먹이사슬과 균형을 무너뜨리는 '생태계 파괴범'으로 알려져 있다.

　'모든 종은 언젠가 멸종한다'라는 생각은 특히 경계해야 한다. 이런 생각은 '어차피 모든 종은 멸종할 텐데 이를 막기 위해 노력할 필요가 있느냐'는 결론으로 이어지기 때문이다. 물론 자연스러운 멸종은 존재한다. 그러나 지금 우리가 목격하는 종의 감소는 비정상적으로 빠른 속도로 일어나고 있으며, 그중 상당 부분은 인간의 활동에서 비롯한다. 그리고 인간은 사라진 종들이 생태계에서 수행하던 역할을 완전히 대체하지 못한다. 단순히 종의 수가 줄어드는 수준이 아니라 생태계 전반에 기능적 공백이 생기고 있음을 인식해야 한다.

　마지막으로, 환경 보호가 동식물만을 위한 일이라는 인식 또한 바로잡아야 한다. 지속 가능한 환경은 동식물뿐 아니라 인간의 생존과도 직결되어 있다. 건강한 자연은 인간이 건강하게 살기 위한 필수 조건이며, 자연을 지키는 일은 곧 우리 자신을 보호하는 일이다.

나의 아주 사소한 환경 보호 방법

환경 보호를 실천하는 방법은 거창하지 않아도 된다. 중요한 것은 '매일' 실천하는 일이다. 나는 장을 볼 때 장바구니를 들고 가고, 가까운 거리는 가급적 걷거나 대중교통을 이용한다. 물건을 고를 때는 브랜드보다 각종 인증 여부를 먼저 확인하는 습관이 있다. 예를 들어 휴지를 살 때는 국제산림관리협의회의 산림경영인증(FSC 인증)을 받았는지 점검한다. 상품의 생산 과정과 유통 경로 역시 고려 대상이다. 특히 운송 과정에서 발생하는 탄소 배출을 줄이기 위해 이동 거리가 짧은 로컬푸드 등의 상품을 우선적으로 선택하려 한다.

산에서는 소음을 최소화하려고 한다. 다른 사람이 집 앞에서 큰 소리로 떠들고 시끄럽게 굴 때 우리가 스트레스를 받는 것처럼, 동물도 마찬가지다. 과도한 소음은 이들의 휴식과 활동을 방해할 뿐만 아니라 건강에까지 악영향을 미칠 수 있다. 지속적인 소음에 노출될 경우 코르티솔과 같은 스트레스 호르몬 수치가 증가해 면역 체계가 약화되고 질병에 취약해지며 생식 능력이 저하될 수 있다. 우리가 겨울철 산에서 무심코 외치는 '야호' 소리가 동물들에게는 위협이 될 수 있다. 2022년 출간된 『소리를 통해 알아보는 동물 행동Exploring Animal Behavior Through Sound』에서는 소음이 야생동물의 생태와 행동에 미치는 여러 부정적 영향을 자세히 다루고 있다. 예를 들어 조류는 소리를 통해 짝을 유인하는데, 비행기나 차량의 소음은 이러한 구애 행동을 방해해 이들의 번식 성공률을 낮춘다. 실제로 인공 소음에 노출된 새들은 둥지 짓는 시기가 늦어지고, 산란하는 알의 수가 평균보다 12퍼센트가량 줄어드는 것으로 밝혀졌다.

일부 포유류는 소음으로 인해 새끼와의 의사소통에 실패하거나, 먹이를 찾는 행동이 감소하기도 한다. 특히 해양 포유류의 경우, 군사 기기 등이 유발하는 강한 소음에 노출되면 방향 감각을 잃거나 내상을 입어 좌초하는 사례가 발견되었다. 반복되는 소음은 야생동물들이 기존 서식지를 피하도록 만들어, 개체군의 분포와 생태계 구조에까지 영향을 미칠 수 있다.

우리의 사소한 노력만으로도 이런 위험을 줄일 수 있다. 그러니 일상에서 자신만의 방법을 찾아 꾸준히 실천하는 것이 중요하다. '우리가 지구를 위해 무엇을 할 수 있을까?'라는 질문에 대한 답은 바로 이런 작은 실천 속에 있다. 나 한 사람의 노력은 미미하다. 그러나 미미한 노력을 여러 사람이 함께 한다면 이야기는 달라진다. 나의 작은 불편함이 결국 지구를 살리는 힘이 될 수 있다는 사실, 그리고 그것이 생물다양성 보전에 기여할 수 있다는 사실을 잊지 말아야 한다.

보전생물학이라는 비탈길

"보전생물학이요? 어떤 걸 연구하는 학문인가요?"

내가 하는 일을 설명하려고 할 때면 어김없이 이야기가 길어진다. "지구에서 사라져 가는 생물과 서식지 그리고 생태계를 보호·관리하는 학문"이라고 말하면 대부분이 고개를 갸웃거린다.

보전생물학의 목표는 명확하지만, 이를 이루기 위한 길은 다양하게 열려 있다. 지역, 환경, 기후, 문화 등 인간의 삶을 구성하는 모든 요소가 변수로 작용하기 때문이다. 그런 만큼 보전생물학에서는 단순히 생태만 연구하지 않으며 전통적인 자연과학과는 다른 접근법이 필요하다. 실제로 정책·문화·지역 공동체와의 협력이 중요하기 때문에, '사회과학적 성격을 띠는 과학' 분야로도 여겨진다.

비주류 중에서도 비주류인

이런 유연성과 복합성 때문에, 간혹 보전생물학을 두고 '그게 과학이냐'거나 심지어 '그게 학문이긴 하냐'고 묻는 이들도 있다. 보전생물학자로서 쌓아온 시간과 노력을 부정하는 듯한 질문 앞에서 다른 과학자라면 하지 않을 정체성에 대한 고민도 해야 한다.

이렇듯 과학계에도 주류mainstream과 비주류marginal가 있다. 빠르게 기술적 성과를 낼 수 있는 연구는 '쓸모 있는 과학'으로 여겨지며, 예산이나 정책 우선순위에서 앞서게 된다. 반면 보전생물학에서 다루는 의제들은 '급하지 않은 문제'로 간주되어 뒤로 밀리는 경우가 많다. 예산을 논의할 때는 "멸종위기종이 사라지면 당장 무슨 문제가 생기느냐"라는 질문이 늘 따라붙고, "미래 기술로 복원할 수 있지 않겠느냐"라는 막연한 낙관이 그 자리를 대신하기도 한다.

그러나 현실의 복잡함과 불확실함에 맞서 싸우는 것이 보전생물학의 본질이다. 하나의 종이 사라졌을 때 그 영향은 즉각적으로 드러나지 않지만, 수십 년이 지난 뒤에야 생태계 전체가 흔들렸음을 깨닫게 되는 경우가 많다. 당장 두드러지지 않는 문제에 대해서도 사전에 조치가 이루어질 수 있으려면 무엇보다 인식의 전환이 시급하다.

특히 우리나라의 경우, 2000년대 초반이 되어서야 「야생동식물보호법」이 제정될 만큼, 생태학의 사회적 저변이 넓지 않다. 이런 배경 속에서 보전생물학에 대한 인식과 제도적 기반 역시 오랫동안 미비한 상태였다. 하지만 보전생물학은 1970년대부터 50년 넘게 이어져 온 정통 과학 분야이며, 생태학이나 동물학 역시 어느 지점에서는 보전 문제와 연결될 수밖에 없다. 실제로 이들 분야의 연구를 살펴보면, 비록 목적은 다르더라도 그 결과는 보전생물학적 함의를 갖는 경우가 많다. 하지만 공존과 조율이라는 '사회적 실천'의 영역이 과학의 의제가 될 수 있다는 인식 자체가 아직 널리 퍼지지 않았기에 보전생물학은 여전히 비주류로 취급되곤 한다. 그래서 이 학문을 이해하고 지지하는 데는 과학뿐 아니라 사람과 자연, 미래 세대에 대한 상상력까지 필요하다. 또한 보전생물학자에게는 정치·경제·사회에 대한 폭넓은 이해는 물론, 현장 대응력과 문제 해결 능력, 커뮤니케이션 능력이 요구된다.

수없이 많은 의심과 회의의 대상이 되어왔음에도 내가 이 길을 계속 가는 이유는, 과학자로서 사명을 다하는 과정 자체가 만족감을 주기 때문이다. 무엇보다 필드 과학자만이 누릴 수 있는 능동적인 삶이 있다. 현장을 누비며 얻은 경험은 고스란히 내 지식과 역량으로 축적된다. 기후, 인종, 문화, 제도처럼 변화무쌍한 요소들은 이 학문을 역동적으로 만들고, 연구자에게 끊임없이 새로운 질문을 던진다. 그 질문을 좇는 과정이 나에겐 무엇보다도 큰 기쁨이다.

같은 길을 걷는 동료들의 존재 또한 큰 힘이다. 우연의 일치인 듯, 나와 함께 공부한 과학자들은 대부분 환경단체를 비롯한 필드에서 일하고 있는데 CNN 히어로로 선정된 릴라 하자Leela Hazzah 박사가 대표적이다. 릴라 박사는 라이언 가디언스Lion Guardians의 공동 설립자로서 20여 년 동안 동아프리카의 야생동물 보전에 헌신해 왔다. 특히 케냐 남부와 탄자니아 북부에 걸쳐 있는 마사이 마라 지역에서 사자 보호 활동에 힘쓰며 의미 있는 변화를 만들어냈다.

그는 단순한 연구자가 아니다. 현지인들과 함께하며 지식을 나누고, 현장에서 답을 찾는 진정한 필드 과학자다. 사회적 명예나 지위를 좇기보다는 학문의 취지를 살려 자신의 역할을 다하는 그를 보며 나 또한 언제나 내 자리를 지켜야 한다는 의지를 다잡는다. 각자의 자리에서 자신만의 방식으로 소명을 실천하는 이들은 내가 이 길을 계속 걸어가는 데 든든한 뒷배가 되어준다.

나의 마지막 꿈

내 연구의 궁극적인 목표는 내가 살아 있는 동안 아무르표범과 아무르호랑이가 더 이상 멸종위기 동물로 분류되지 않는 것이다. 다행히 지금까지의 보전 노력 덕분에 아무르표범의 개체수는 크게 늘었다. 한때는 전 세계에 30마리도 채 남지 않았지만, 이제는 150마리 이상으로 회복되었다.

하지만 개체수가 늘어남과 동시에 유전적 다양성 저하라는 새로운 문제가 떠올랐다. 유전적 다양성이 저하되는 문제는 단순히 야생 서식지를 보호하는 것만으로는 해결되지 않는다. 사육 개체의 유전자 관리를 통해서라도 반드시 이 문제를 극복해야 한다.

이를 위해 우리나라도 서울대공원이 보유한 세 마리의 아무르표범 외에 개체를 더 확보해야 한다. 국내 동물원들이 좀 더 적극적으로 유럽 멸종위기종 보전 프로그램에 가입해야 하는 이유도 여기에 있다. 그렇게 된다면 개체를 안정적으로 들여오거나 교환할 수 있는 기반이 마련될 것이고, 궁극적으로는 국내에서도 번식 가능한 개체군을 조성할 수 있게 될 것이다. 누군가는 '왜 굳이?'라고 의문을 제기하지만, 나에게는 꼭 해내야만 하는 일이다. 한때는 우리 산을 자유롭게 누비던 우리의 아무르표범이 아닌가.

 표범 보전의 일환으로 내가 주도하는 사업 중 하나가 한·중·러·일·몽 5개국이 함께하는 '지식 공유 플랫폼 구축'이다. 주제는 '생물다양성과 자연 보전', 대상은 호랑이, 표범, 눈표범, 저어새, 두루미, 흑두루미 등 여섯 종의 깃대종이다. 각국은 꽤 오랫동안 보전 활동을 해왔지만, 각개전투나 한두 나라 간 협력에 그친 탓에 힘들게 쌓은 데이터가 '죽은 지식'이 되고 말았다. 나는 보전 활동의 시너지를 극대화하려면 각국의 지식을 서로 연결하는 범국가적 협력 시스템이 필요하다고 판단하고 '지식 공유 플랫폼'이라는 대안을 구상하게 되었다

 내가 처음 이 같은 제안을 했을 당시에는 모두 싸늘한 반응을 보였다. 제안 내용이 회의록에 담기지도 않은 채, 말 그대로 묻혔다. 하지만 매년 강조하고 또 강조한 끝에 마침내 2023년, 회원국들의 공식 승인을 받아 '동북아 생물다양성 지식 공유 플랫폼'을 출범시켰다. 유엔 아시아·태평양 경제사회위원회 ESCAP도 그 가치를 인정하고, 향후 동물뿐 아니라 대기·해양 등 다른 분야로까지 지식 공유를 확장하자는 제안을 내놓았다.

플랫폼이 공식화된 뒤에는, 이 구상이 나 혼자만의 생각이 아니었음을 확인할 수 있었다. 2024년 인천에서 개최한 워크숍에서 '지식 공유'의 필요성과 범위에 대해 심도 있는 논의가 이뤄졌고, 이후 진행된 설문조사에서는 대부분의 참가자가 지식 공유의 필요성에 공감한다고 응답했다. 이 결과를 2024년 고위급회의에서 당당히 보고했고, 이는 동북아환경협력계획의 2026~2030년 주요 업무로 채택되었다.

이제 남은 과제는 이 플랫폼을 실질적으로 작동하게 하는 일이다. 아무리 토대를 그럴듯하게 구축해 놓아도 내용이 부실하거나 사용법이 복잡해 외면당한다면 아무 소용이 없지 않은가! 그래서 요즘은 어떻게 하면 사용자 친화적이고 실용적인 플랫폼을 만들 수 있을지에 대한 고민이 깊어지고 있다.

행정적인 업무가 점점 늘어나면서 한동안은 호랑이나 표범과는 멀어졌다고 생각했는데, 이렇게 또 다른 방식으로 그들의 보전 활동에 참여하게 된다. 마치 방 하나를 열심히 꾸미고 있었는데, 그 방에 문이 있다는 걸 알게 되고, 문을 열고 나가 보니 거실과 화장실을 발견해 그제야 비로소 집 전체 구조를 보게 된 상황 같다. 나의 일이란, 이처럼 늘 내가 미처 보지 못했던 세계가 존재했다는 사실을 깨닫고 그 깨달음의 순간에 새로운 방향으로 나아가는 과정이다. 시간이 지나고 나서야 '이렇게도 이어지는 길이었구나!' 하고 놀라는 것이다.

결국 내가 볼 수 있는 만큼, 내가 아는 만큼만 할 수 있다. 그래서 새로운 일에는 두려움이 따르지만 그 안에 어떤 문이 숨어 있을지, 그 문 너머에서는 또 어떤 세계가 펼쳐질지 생각하면 기대를 멈출 수 없다. '내가 과연 과학자가 맞나?' 하는 혼란을 느낄 때에도, 내 안에서 점점 넓어지는 세계에 대한 기대 덕분에 걸음을 이어갈 수 있다. 물론 여전히 좌충우돌하는 날들이지만, 그만큼 스스로 배우고 깨닫는 순간도 자주 찾아온다. 그러니 내 세계의 경계를 넓히는 비탈길의 여정은 멈추지 않을 것이다.

무모함을
사랑하는 삶

"안야, 너의 취미는 뭐야?"

한 회의 도중 쉬는 시간에 누군가 이런 질문을 해왔다. 나는 별 고민 없이 바로 대답했다.

"내 취미? 일하는 거."

순간 회의장에서는 웃음과 야유가 터져 나왔다. 하지만 나는 개의치 않았다. 사실이니까. 야생동물 보호를 위해 일하는 사람들을 만나고, 그들과 연대하며 더 나은 세상을 만들어가는 이 일이 얼마나 설레고 즐거운지 모른다. 나는 늘 아무르표범에게 반해 인생의 방향을 바꿨던 20대의 나에게 고마운 마음을 가지고 산다.

대책 없던 20대를 칭찬하는 이유

나의 20대는 플랜B가 없는 삶이었다. 돌아갈 다른 길은 애초에 만들지 않았다. 무모하다면 무모했지만, 한 번도 그 선택을 후회한 적 없다. 만약 그때 차선책을 만들어두고, 여의치 않은 상황에 그 길을 택했더라면 지금처럼 만족스러운 삶을 살 수 있었을까? 그런 생각을 하면, 종종 위험했지만 단단한 꿈을 품었던 그 시절의 나를 칭찬해 주고 싶어진다.

20대는 누구에게나 불안한 시기다. 이 시기 타인의 시선을 지나치게 의식하다 보면, 남이 정해준 길을 나의 선택인 줄 알고 따라가기 쉽다. 하지만 권한과 책임은 함께하는 법이다. 나에게서 시작된 선택이라면, 권한이 나에게 있었기 때문에 책임도 내 몫이라는 걸 자연스레 받아들이게 된다. 그것이야말로 어려움 앞에서 도망치지 않을 내면의 힘이 된다.

남들보다 조금 늦게 박사과정을 시작했기에 그즈음 또래 친구들은 이미 사회에서 자리를 잡아가고 있었다. SNS로 가끔 소식을 접하면 의대에 진학해 의사가 된 친구도 있었고, 글로벌 기업에서 억대 연봉을 받는 이들도 있었다. 나는 조교 자리 하나 구하지 못해 전전긍긍하는데, 유수의 연구실에서 좋은 논문을 쓰고 있다는 친구의 소식을 들을 때면 위축되기도 했다. '내가 뭐가 부족해서 이렇게 힘들게 살고 있는 걸까?' 하는 생각을 하던 날도 있었다. 하지만 그때마다 나에게 물었다.

'그래서 너는, 지금 네 선택을 후회하는 거야?'

그럴 때면 나는 잠시 SNS를 끄고 처음 표범을 마주했던 순간을 떠올렸다. 표범의 눈빛에 마음을 빼앗겼던 그때의 나는 누구보다도 진지하고 진심이었다. 고작 타인의 시선에 흔들릴 수 없었다.

내가 생각하는 20대의 가장 큰 특권은 원하는 일을 선택할 수 있다는 것이다. 나이가 들수록 고려해야 할 현실이 많아지고, 마음의 소리에 귀 기울이기 어려워진다. 그러니 20대 때는 더 용기를 내어도, 조금은 무모해져도 괜찮다. 무엇이 나의 가슴을 뛰게 만드는지 찾아보고, 그것을 위해 치열하게 노력하는 일. 그것이야말로 그 시기에 할 수 있는 가장 가치 있는 일이 아닐까.

'나는 재능도 없고, 시간과 자원도 부족한데 어떻게 해야 하지?' 하는 생각이 들 수도 있다. 하지만 중요한 것은 뛰어난 재능이 아니라, 끈기와 용기다. 나는 수많은 부정적인 시선을 받았지만 포기하지 않았다. 어느 것도 확신할 수 없었지만 내가 할 수 있는 만큼 준비했다. 관련 논문을 찾아 읽고, 교수들에게 메일을 보내고, 보고서를 수없이 들춰 보며 배워 나갔다. 그런 내 노력에 다시 수없이 실패가 따라붙었지만, 그때마다 다시 일어설 수 있는 법을 배워 나갔다. 그렇게 쌓인 시간이, 내 꿈을 단단히 붙잡을 힘이 되어주었다.

물론 모든 사람이 하고 싶은 일을 하며 살 수 있는 건 아닐지도 모른다. 때로는 '잘하는 일'과 '하고 싶은 일' 사이에서 갈등과 타협을 반복하게 된다. 그럴수록 중요한 건, 그 간극을 좁히기 위해 치열하게 고민하는 과정이다. 그렇게 고민하고 선택한 길이라면, 그냥 믿고 나아가야 한다. 자신의 직관을 믿으라는 말이다.

흩어진 퍼즐 조각을 그러모으는 마음

20대를 돌아볼 때 한 가지 아쉬운 점이 있다면 조금 더 배우지 못한 것이다. 보전생물학을 하다 보면 특히 통계학의 중요성을 절실히 느끼게 된다. 가령 특정 지역에 서식하는 동물의 수를 일일이 파악할 수 없고 추정을 해야 할 때 통계학 모델이 활용된다. 정확하고 정교한 결과를 얻으려면 모델을 고도화해야 하지만, 그 과정에서 내 지식의 한계를 마주하곤 한다. 그래서 만약 20대로 다시 돌아간다면, 나는 통계학을 공부하는 데 더 많은 시간을 쏟을 것이다.

그리고 선배로서 20대 후배들에게 꼭 해주고 싶은 조언이 있다면, 영어 공부를 결코 소홀히 하지 말라는 것이다. 'AI 시대에 훌륭한 번역기가 있는데 굳이 영어를 배워야 하나?'라고 생각할 수 있다. 하지만 미묘한 뉘앙스를 살려 실시간으로 상대의 신뢰를 얻어내야 하는 커뮤니케이션 현장에서 여전히 영어는 강력한 도구다. 나 역시 유엔 인턴십 기회를 얻을 수 있었던 건, 회의장에서 만난 직원과 나눈 짧은 대화 덕분이었다. 영어로 나의 관심과 열정을 진심 어린 말로 전할 수 있었기에, 정식 절차를 거치지 않고도 기회가 주어졌다. 이런 경험을 돌아보면, 영어 실력이 열정이나 능력 못지않게 중요한 경쟁력임을 실감하게 된다.

마지막으로, 후배들에게 젊은 시절에 최대한 다양한 경험을 해보라고 당부하고 싶다. 정말로 하고 싶은 일이 무엇인지 알기 위해서는 먼저 자신이 좋아할 수도 있는 일들을 직접 경험해 봐야 한다. 하지만 '그냥' 해보는 것과 마음을 다해 몰입해 보는 것은 완전히 다르다. 시간을 때우듯 흘려보낸 경험은 흔적 없이 사라지지만, 진정성 있게 임한 경험은 무엇과도 바꿀 수 없는 자양분이 된다.

아마존의 CEO 제프 베이조스는 고등학교 때 맥도널드에서 일한 적이 있다고 한다. 평범해 보이는 그 경험에서 그는

'바쁜 상황에서도 속도를 유지하는 시스템의 힘'을 체감했다고 한다. 그 통찰은 훗날 그가 아마존을 운영하며 팀워크와 일의 효율을 극대화하는 데 중요한 밑거름이 되었다.

　이처럼 우리가 마주하는 모든 순간은 배움의 순간이다. 우리가 경험하는 모든 일은 언젠가 창의적인 영감으로 발휘될 수 있다. 다만 그 배움이 진짜 내 것이 되려면, 온 마음을 다해야 한다. 그렇게 쌓인 경험들이 언젠가 하나의 퍼즐처럼 맞춰지며, 더 넓고 깊은 시야를 갖춘 자신을 완성해 준다. 그러니 20대에는 망설이지 말고 과감하게 도전하고 실행하자. 크든 작든, 그 모든 도전이 결국 내 삶을 이루는 중요한 퍼즐 조각이 될 테니까.

국립생태원의 풍경.
돔 형태의 사육장 안에서 저어새들이 자연으로 돌아갈 준비를 하고 있다.

호랑이는 숲에 살지 않는다

초판 1쇄 인쇄 2025년 8월 5일
초판 1쇄 발행 2025년 8월 13일

지은이 임정은
펴낸이 김선식

부사장 김은영
콘텐츠사업본부장 박현미
책임편집 노현지 **책임마케터** 박태준
콘텐츠사업9팀장 차혜린 **콘텐츠사업9팀** 최유진, 노현지
마케팅1팀 박태준, 권오권, 오서영, 문서희
미디어홍보본부장 정명찬
브랜드홍보팀 오수미, 서가을, 김은지, 이소영, 박장미, 박주현
채널홍보팀 김민정, 정세림, 고나연, 변승주, 홍수경
영상홍보팀 이수인, 염아라, 김혜원, 이지연
편집관리팀 조세현, 김호주, 백설희 **저작권팀** 성민경, 이슬, 윤제희
재무관리팀 하미선, 임혜정, 이슬기, 김주영, 오지수
인사총무팀 강미숙, 이정환, 김혜진, 황종원
제작관리팀 이소현, 김소영, 김진경, 이지우, 황인우
물류관리팀 김형기, 김선진, 주정훈, 양문현, 채원석, 박재연, 이준희, 이민운
외부스태프 디자인 위드텍스트 세일화 정재희

펴낸곳 다산북스 **출판등록** 2005년 12월 23일 제313-2005-00277호
주소 경기도 파주시 회동길 490 다산북스 파주사옥
전화 02-704-1724 **팩스** 02-703-2219 **이메일** dasanbooks@dasanbooks.com
홈페이지 www.dasan.group **블로그** blog.naver.com/dasan_books
종이 신승INC **인쇄** 민언프린텍 **제본** 다온바인텍 **코팅·후가공** 제이오엘앤피
ISBN 979-11-306-7001-0(03470)

- 책값은 뒤표지에 있습니다.
- 파본은 구입하신 서점에서 교환해 드립니다.
- 이 책은 저작권법에 의하여 보호를 받는 저작물이므로 무단 전재와 복제를 금합니다.

다산북스(DASANBOOKS)는 책에 관한 독자 여러분의 아이디어와 원고를 기쁜 마음으로 기다리고 있습니다. 출간을 원하는 분은 다산북스 홈페이지 '원고 투고' 항목에 출간 기획서와 원고 샘플 등을 보내주세요. 머뭇거리지 말고 문을 두드리세요.